°luftschacht

Eine existenzielle Verfallsgeschichte ist immer auch eine körperliche Verfallsgeschichte. In zwei miteinander verknüpften Erzählsträngen berichtet Markus Mittmansgruber in *Verwüstung der Zellen* vom Niedergang einer Familie. Der Vater, gezeichnet von schwerer, degenerativer Krankheit, spricht seinen Nächsten unter Selbstmorddrohung das Recht auf weitere Besuche ab. Während die Mutter dieses Gebot bedingungslos zu akzeptieren scheint und sich zunehmend isoliert, wird der Sohn von Phantomgeräuschen und Angstgefühlen geplagt; er vermutet ein großes, unausgesprochenes Familiengeheimnis und macht sich auf die Suche ...

Sprachlich prägnant und ungerührt zeigt Mittmansgruber nicht nur die familiären Verwerfungen der Protagonisten auf, sondern hinterfragt – vor allem durch die Einführung eines Wiedergängers, der als tatsächliche oder metaphorische Figur gelesen werden kann – Brüche und Verödungen in unserer heutigen Gesellschaft.

MARKUS MITTMANSGRUBER, * 1981 in Linz, studierte Philosophie an der Universität Wien. Veröffentlichungen in diversen Literaturzeitschriften (u.a. Kolik, Die Rampe, Podium). Er arbeitet seit 2006 als freier Mitarbeiter bei einem Wissenschaftsverlag in Wien. Teilnehmer der Autorenwerkstatt 2015 am Literarischen Colloquium Berlin. *Verwüstung der Zellen* ist sein Debütroman.

Markus Mittmansgruber

Verwüstung der Zellen

Roman

Luftschacht Verlag

© Luftschacht Verlag – Wien
Alle Rechte vorbehalten

1. Auflage 2016

www.luftschacht.com

Umschlaggestaltung: Luftschacht
Satz: Luftschacht
Druck und Herstellung: Finidr s.r.o.
ISBN: 978-3-902844-93-4

Mit freundlicher Unterstützung der Kulturabteilung der Stadt Wien

Mon Corps est comme un Sac traversé de fils rouges
Il fait noir dans la chambre, mon œil luit faiblement
J'ai peur de me lever, au fond de moi je sens
Quelque chose de mou, de méchant, et qui bouge.

Michel Houellebecq

Untergehn will euer Selbst,
und darum wurdet ihr zu Verächtern des Leibes!
Denn nicht mehr vermögt ihr über euch hinaus zu schaffen.
Und darum zürnt ihr nun dem Leben und der Erde.
Ein ungewußter Neid ist im scheelen Blick eurer Verachtung. [...]
Ich gehe nicht euren Weg, ihr Verächter des Leibes!
Ihr seid mir keine Brücken zum Übermenschen!

Friedrich Nietzsche

Kapitel 1

der körper ist einmal zu oft und zu laut von innen gegen die wohnungstür gelaufen. nachbar jürgen hatte die unregelmäßigen dumpfen stöße gegen das holz satt. er drückt jetzt mehrmals den klingelknopf, drinnen schrillt es, beim letzten mal einige sekunden durchgehend. er bekommt weder eine antwort noch wird ihm geöffnet. er holt den vermieter aus dessen wohnung im obersten stockwerk. der vermieter begleitet jürgen mit einem zweitschlüssel, dieser klackert beim drehen im schloss. als sich dann nach der öffnung der tür die eigenen zähne tief in den hals von jürgen bohren und der körper das lebende fleisch zu kauen und das blut zu schlucken beginnt, stellt sich für einen kurzen moment so etwas wie eine ahnung ein, ein trüber, entfernter schatten: dass ich tot bin, gestorben, und gleichzeitig noch am leben irgendwie. und der schatten verschwindet wieder und streicht bei seinem verschwinden die kategorien der situation durch und weicht ihren schrägstrichabstand auf: ~~lebendig/tot~~. der körper benimmt sich, als ob er wochenlang in der wohnung gelegen oder dort auf und ab gegangen wäre, vielleicht auch monate. die haut ist steif wie pergament und backpapierfarben geworden, an einigen stellen bläulich, mit purpurnen flecken. die hinteren backenzähne sind verloren gegangen. haare sind ausgefallen, vor allem auf der rechten schädelseite. die fingernägel stehen wie krallen über die kuppen. und ein knöchel ist gebrochen, der rechte: der körper zieht den geknickten, nutzlos gewordenen fuß nach. die linke hand ist nicht mehr vollständig, mittelfinger und zeigefinger sind stummel, entweder hat sich ein tier daran zu schaffen gemacht oder der eigene kauapparat hat selbst daran genagt. der verwesungsgrad der muskeln hält sich in grenzen. von den inneren organen ist nicht mehr viel übrig, teile der innereien sind flüssig oder breiartig, sie schwappen weich und widerstandslos innen gegen die hautwände, der zwölffingerdarm zum beispiel. larven eines speckkäfers haben in einer offenen wunde am rechten oberschenkel platz genommen. öffnungen sind von schmeiß-, fleisch- oder buckelfliegen besiedelt, die ihre kreise ziehen, bei den ohren und in nächster nähe zur ausgetrockneten nasenschleimhaut. aber sie summen nicht nur dort, sondern auch abseits des körpers, weiter hinten im raum, über dem tisch, wo ein azurblau getöntes, halbleeres mineralwasserglas steht. der vermieter ist wieder fort, ein stockwerk höher geflüchtet, in seine wohnung. die tür hat er dreimal laut verriegelt. jürgen liegt ausgestreckt auf der fußmatte, ihre borsten beginnen sich zu verfärben, der eigene kiefer mahlt und frisst ohne unterbrechung an ihm. er weidet ihn aus. irgendwann lässt die gier nach. das eigene weiße t-shirt mit einer schwarz-weißen kate moss darauf und die verwaschene jeans sind mit dreck, staub, trockenem kot, trockenem und neuem, frischem, fremdem, noch nassem blut beschmiert, unterschiedlich dicke schichten in unterschiedlich schillernden rottönen, an manchen stellen schuppen diese bereits, wie sich auch die pergamenthaut an manchen stellen schält. nackte fußsohlen. die beine bewegen sich über die treppe nach unten, 2. stock, 1. stock, mezzanin, erdgeschoss, richtung hauseingang. die grüne tür ist halb offen, sie hängt an einer erhabenen bodenfliese fest. ein hindurch und hinaus auf den gehsteig ist möglich. die arme sind nutzlose verlängerungen, sie verhalten sich unkoordiniert und ohne beziehung zum restlichen organismus, baumeln spannungslos. niemand ist unterwegs, kein lärm, ein neutraler tag. dahinschlurfen auf dem asphalt, dahin, da hin, die worte „richtung" oder „ziel" haben alle bedeutungen verloren, so wie „jahreszeiten" oder „ich". „ich" trifft keine entscheidung, ob links oder rechts. es ist weit unter einer glasglocke und von dort aus nur träumend dabei, ohne einzugreifen, stumm, unbeteiligt, zuschauer, weniger als passiv, nicht einmal auf dem beifahrersitz, sondern außerhalb, hinter dem fenster, ohne zu beobachten, in der ferne, ein autopilot, eine körper-maschine, das „ich" ohne ich, schlafwandelnd in materie, aufgegangen in ihr, eine leerstelle, ein wiedergänger, oder ein verdichteter punkt, ein massepunkt: ●. erste person singular, ein massepunkt. ●. erster fall, zweiter, dritter, vierter fall. jeder fall. ein massepunkt, der in sich versunken ist, der wütet, aber ohne das dazugehörige gefühl. alles, was der fall ist, ein massepunkt. er hat sich vorgeschoben, ein mond, der ● hat das „ich" ersetzt. fremde wahrnehmungen, die einem anderen gehören, der sich ihrer ebenso nicht sicher ist. stille atmosphäre, die hauptstadt. eine breitere straße öffnet sich vor dem ●, stadtgürtel, dreispurig. körper, ganze figuren oder nur halb vorhandene, manche ohne beine, aufrecht gehend, gebückt gehend, kriechend, hinkend, robbend. die gestalten bewegen sich ohne system oder muster über und entlang und an den seiten der straße. sie touchieren sich, ohne sich zu berühren. die weißen bodenmarkierungen und die schilder mit den verkehrszeichen und den straßennamen leuchten dem ● aus einer anderen zeit entgegen. gesprochen wird nichts. die zunge haben die maden weggeschleppt. für ● ist jeder buchstabe eine unmöglichkeit. kein wort in rachen und kopf und über den trockenen lippen. an sprechen ist nicht mehr zu denken. an denken auch nicht.

„Ich würde gern mein Gehirn tapezieren können", sagte er zu ihr. „So von innen. Die Wände und die langen grauen Gänge. Mit schalldichter weißer Tapete. Weißt schon, ohne Schnörkel. Und erst recht ohne diese grässlichen Blumenmotive. Oder mit leeren Eierkartons ... ja, das könnte ich mir auch gut vorstellen. Wie in den improvisierten Amateurtonstudios."

Sie lagen auf dem Bett, sein Kopf auf ihrem Bauch, ein großes T. Sie waren vor wenigen Minuten vom Kino nach Hause gekommen, eine Nachmittagsvorstellung. Am Ende des Films hatte sich der Hauptdarsteller eine Kugel in den Kopf geschossen. Guter Film. Kein Happy End.

Mit seinen Versponnenheiten und Gedankenspielereien konnte er sie zum Lachen bringen, das wusste er. Wenn er so vor sich hin fantasierte. Da waren sie sich ähnlich, im Fantasieren, sie neigte auch dazu. Sie studierten beide Philosophie als Hauptfach, in einer Vorlesung hatten sie sich kennen gelernt. „Zum Begriff der Monade: Von Plotin bis Freud". Sie waren im Hörsaal 32 nebeneinandergesessen, beide Linkshänder. Das Mitschreiben ihrer linken Hände hatte genügt, um während der eineinhalb Stunden flüsternd ins Gespräch zu kommen.

Dieses Mal lachte sie nicht.

„Warum?", fragte sie.

„Keine Ahnung", sagte er und zuckte mit den Schultern. „Vielleicht, weil ich ab und zu glaube, der Lärm da drinnen, der ist so unglaublich laut, den hört man sicher auch draußen. Geht ja gar nicht anders bei dieser Lautstärke. Aber ich will niemandem auf die Nerven gehen. Verstehst du? Ich will niemanden stören."

Pause. Draußen klingelte die Straßenbahn einen Fußgänger oder ein lästiges Auto zur Seite.

„Ich möchte nach Afrika", sagte sie. „Nach Mosambik. Oder nach Laos. Oder am liebsten, am liebsten wär mir Brasilien, Manaus, zum Amazonas. Fitzcarraldo, du weißt schon. Burden of Dreams und so."

„Spielt der nicht in Peru? Fitzcarraldo, meine ich. Doch, ja, der spielt in Peru, in Isqui... Iquitos. Da bin ich mir ..."

„Dort gibt es eine Stelle, an der sich der Rio Negro und der Rio Solimões vermischen, schwarzes und weißes Wasser. Klingt schön, oder? Im August, spätestens. Das geht dann auch vom Wetter her einigermaßen, soweit ich weiß. Was denkst du? Sag mal."

Längere Pause.

„Warum?", fragte er und spürte, dass sie sich bewegte, dass sie ihren Oberkörper leicht aufrichtete.

„Mal weg. Raus aus der Routine. Tapetenwechsel." Sie lachte und wurde gleich wieder ernst. „Das wird uns gut tun", sagte sie. „Mal was anderes sehen. Und Zeit für uns. In der wir uns beide noch besser kennenlernen können."

„Wir kennen uns jetzt über zwei Jahre", sagte er. „Das *ist* schon eine ganze Zeit, finde ich. Oder nicht?"

„Ja, sicher", sagte sie, „aber ich meine so richtig kennenlernen, anders kennenlernen, unter anderen Bedingungen. Und ich möchte mich selbst auch besser kennenlernen. Die eigenen Grenzen austesten, verstehst du? Im Regenwald kann man das. Verzichten, die Einfachheit, weißt du? Die Zivilisation und das ganze System mal hinter mir lassen und mal mitkriegen, wie Menschen woanders leben und überleben. Zum Beispiel in den Favelas von Rio. Die Einheimischen am Rio Urubu. Oder ... oder wir fliegen nach Papua-Neuguinea, zu den Fore. Mein inneres Tier wiederfinden, im Einklang mit der Natur. Ja. Das ist mein Traum. Den verlorenen Kontakt zur Natur wiederfinden, auch zu meiner eigenen. Verstehst du? Was Authentisches."

Nein, er wollte nicht verstehen. Er hatte sie gern, sehr sogar, aber das klang für ihn plötzlich nicht mehr nach einer ihrer kleinen Versponnenheiten, sondern nach schlechter Esoterik, Selbstfindungstrip mit Räucherstäbchen, schmutzigen Füßen, Moskitostichen, nach Gitarrenlieder-Harmonie am Lagerfeuer, falscher Exotik und inszenierter Ursprünglichkeit für Backpackertouristen, die „das Authentische" suchten. Das Authentische, das Originale, das Eigentliche, das Echte. Reizwörter, von ihm jeweils mit dem nicht abwaschbaren Stempel „Betrug/Selbstbetrug" versehen. *Ich habe dich durchschaut. Wir werden nicht miteinander alt werden.* Er liebte ihre langen brünetten Haare, vor allem, wenn sie offen über ihre Schultern fielen, aber eine längere, gemeinsame Zukunft hatte sich mit den wenigen Sätzen verschlossen, das war sein Gefühl. Er schwieg. Dann sagte er, sie könne schon mal gehen, zur Universität. „Ich komm heute nicht mit. Hab noch was zu erledigen." Und er werde sie anrufen.

Was er auch tat. In den folgenden Wochen verdichteten sich aber die unwiderlegbaren Beweise dafür, dass er es hier mit Naivität und großer Gedankenlosigkeit zu tun hatte. Ihre Kommentare verursachten ihm Kopfschmerzen. Sie wollte ihn zum Beispiel allen Ernstes davon überzeugen, dass „jeder für sein Glück selbst verantwortlich ist". Überhaupt kam es ihm so vor, als ob sich ihr Wesen, ihre Gestalt nur noch aus Sprichwörtern zusammenstückeln würde. *So unreflektiert. So was von unreflektiert.* Und noch etwas fiel ihm auf: dass ihre Körperhygiene zu wünschen übrig ließ. Er fragte sich, warum er das nicht früher bemerkt hatte. Der Geruch aus ihren Achselhöhlen, ihr Mundgeruch, besonders am Morgen, und auch der stechende Geruch ihrer Haut, wenn sie die Regel bekam. Er nahm darin schleichend eine Note wahr, die er in ihrer zunehmenden Schärfe und Aufdringlichkeit schließlich nicht mehr ausblenden konnte. Der Geruch ihrer Haare ekelte ihn an. Und kein Shampoo, nicht das parfümierteste, konnte ihn überdecken.

Alles endete dramatisch, als ihr seine Distanziertheit und eine ungewohnte Kälte aufzufallen begann. Sie stellte ihn zur Rede, fragte, bohrte, was denn los sei, bis er ihr wahrheitsgemäß antwortete. Sie beschimpfte ihn als Arschloch und Feigling, sie entschuldigte sich gleich darauf dafür. Er sagte ihr, dass es vorbei sei, sie wollte es nicht hören und sagte, dass es von Anfang an ein Ungleichgewicht der Liebe in ihrer Beziehung gegeben hätte, und sie sagte ihm, dass er der Einzige bleiben werde. Er sagte ihr, dass sie gehen solle, sie sagte ihm, dass sie sich umbringen werde, dass sie ohne ihn nicht leben könne, dass sie ihre Venen in warmem Badewannenwasser öffnen oder Tabletten nehmen werde, unter Apfelmus gemischt, und daraufhin verließ er die Wohnung. Seine nächsten Nächte verbrachte er schlaflos und wartete auf einen Anruf. Krankenhaus, Polizei, ihre Eltern. Das Handy blieb stumm. Hätte er sich nicht gezwungen, er wäre wieder zurück zu ihr, aus Angst, sie könnte sich seinetwegen etwas antun. Er widerstand und warf trotzdem jeden Morgen einen Blick in die Zeitung, auf die Spalten mit den Todesanzeigen. Ihr Name tauchte nie auf. Was ihn wiederum enttäuschte und fast wütend machte. Diese Inkonsequenz, dieses leere Drohen. Bald hatte ihr Vorname seinen besonderen Klang verloren, er sagte ihm nichts mehr. Während der ersten Monate nach der Trennung traf er die Entscheidung, sein Philosophiestudium abzubrechen. *Brotlos und unnütz, reine Zeitverschwendung. Was soll ich damit?*

Außerdem, ich will ihr auf keinen Fall wieder über den Weg laufen, bei einem Proseminar zu Heidegger oder so, oder zufällig im Gang vor der Institutsbibliothek. Zu gefährlich. Und an ihr kann man schließlich am besten sehen, was für labile und beschränkte und verknöcherte Geister dieses Studium hervorbringt. So was von unreflektiert, da graust einem. So unreflektiert, dass es zum Himmel stinkt, im wahrsten Sinne des Wortes. Unfassbar.

Er bewarb sich für eine halbwegs gut bezahlte Stelle in einer international operierenden Consulting-Firma und wurde genommen.

zwischen den buchen, hinweg über ihre teils überirdisch verlaufenden wurzeln, moosgrün überzogen, dringt ● tiefer in den wald und in die natur. im rücken die stadt. hin und wieder schatten im unterholz, zwei, drei nacheinander. langsames vorankommen mit dem kaputten knöchel. und die brocken des nachbarn liegen bleiern im magen, der bauch ist aufgebläht, ein kreuzrippengewölbe. die schwerkraft des fleisches zieht ● nach unten. dann folgt geburt um geburt um wiedergeburt, teilgeburten in kleinen portionen, ganz natürlich in gang gebracht durch einen kaiserschnitt, nachdem sich eine krähe am bauch festgekrallt und ein loch durch die steife haut, die schwindende fett- und muskelschicht, die magenwand gepickt hat. bei jedem schritt fallen feuchte, unverdaute teile des nachbarn auf den harten waldboden, wo sie sich mit kalten blättern und nadeln und raureif zu kleinen, stacheligen bällchen verbinden. ● hinterlässt eine kindermärchenspur, sie verschwindet in den blutigen schnäbeln der vögel. so wie nachbar jürgen beständig weniger wird in ●, so erhöht sich langsam und kontinuierlich wieder die schrittzahl pro stunde.

der körper drängt sich in dichtes gestrüpp abseits ausgetretener wege, durch dornensträucher, über hauchdünne und schmutzige schneeflächen und über unbefestigtes und rutschiges gelände. die pflanzen und die bäume zerren an ihm von allen seiten. ● geht wie ein marathonläufer läuft, wenn er eine bestimmte grenze seiner ausdauer überschritten hat, wenn er nicht merkt, dass er läuft, dass es läuft. von allein. allein. es.

Freitagabend nach der Arbeit, er war zu Fuß unterwegs. Er war müde von der Woche im Büro. Er hatte es satt. Und er dachte vage und harmlos an einen Schlussstrich, wieder einmal. An einer Litfaßsäule, zwei Querstraßen von der Firma entfernt, klebte gut sichtbar inmitten der Plakate, die durcheinander von aktuellen Ausstellungen in Kunsthallen, Museen und kleineren Galerien erzählten, und diese ein wenig verdeckend ein Blatt, eng bedruckt mit einem langen Text. Titel: „esc – abbrechen". Er blieb stehen und nahm sich die Zeit (obwohl er sie eigentlich nicht hatte, denn er musste noch ... die Mutter wartete, er war auf dem Weg zur ihr, hinaus an den Stadtrand ...), um ihn durchzulesen:

7 Möglichkeiten: Die Sonne scheint, und es ist windstill. Die Tauben sind leise, die Krähen nicht. Er isst gerade ein Eis, 2 Kugeln, Schokolade-Erdbeere, als ihm ein leinenloser Hund mit seinen dreckigen Pfoten das Hemd vollschmiert. Er wird kurz zornig auf das Tier und die alte Besitzerin, dreht sich dann aber weg und geht nach innen lächelnd durch den Park über die Wiese. Nach einer Dusche vergisst er den Vorfall.

6 Möglichkeiten: Sie kommt verschwitzt, in jeder Hand eine schwere Einkaufstasche, durch die Wohnungstür. Er schaut sie an, als ob sie ein Versprechen gebrochen hätte. Sie geht geduckt zum Kühlschrank und räumt die Sachen ein. 10 Minuten Schweigen, in denen die Alarmanlage eines Autos ohne Unterbrechung durch die

Wohnzimmerfenster zu hören ist. Dann entschuldigt er sich bei ihr. Sie ist froh und drückt sich an ihn. Er weiß nicht, ob die Entschuldigung ernst gemeint war.

5 Möglichkeiten: Es ist Freitag, im Kino drängen sich die Menschen. Aufstehen, weil jemand vorbei muss, hinsetzen. Aufstehen, hinsetzen. „Wie in der Kirche", sagt jemand. Die in der Reihe hinter ihnen sprechen laut über Masturbation und Internetpornos. Er greift nach ihrer Hand. Sie lächelt ihn an, ziemlich „mild". Er versucht eine Erwiderung. Sie glaubt ihr. Als Popcorn über ihre Köpfe nach vorne fliegt, fixiert er die Leinwand, ganz fest. Darauf ist eine Schwarz-Weiß-Einstellung zu sehen, ein Stillleben, im Hintergrund singt Ian Curtis. Er sieht nicht, er hört nicht. Ihre Hand knetet er leicht und abwesend.

4 Möglichkeiten: Montag, und in der Arbeit läuft alles nach Plan. Es ist wenig los. In den letzten 2 Wochen hatte er rund 3-mal den Hörer abnehmen müssen. Er betastet seinen Hals. Er glaubt kurz, dass da etwas gewachsen ist, im Kehlkopf oder bei den Mandeln oder an den Stimmbändern. Es ist nichts. Das Schlucken fällt ihm aber schwer. Und das Atmen. Er wird morgen zu Hause bleiben. Er geht, ohne sich bei jemandem zu verabschieden. Dabei ist es ihm fast egal, ob über ihn geredet wird.

3 Möglichkeiten: Was ist Geduld? Er kennt sie nur flüchtig, sie flieht immer, weicht vor ihm zurück, wenn er sich nähert. Er will immer – SOFORT, es muss ihm – SOFORT – gelingen, für Schönheitsfehler, schöne Fehler, Ästhetik des Fehlers hat er nichts übrig. Warten = verlorene Zeit, es stört ihren Fluss, sie stockt. Vor einiger Zeit ist es ihm wenigstens noch gelungen, sie bei der Busstation oder in einer Supermarktschlange mit Gedankenspielchen in zwar langsamer, aber stetiger und beruhigender Bewegung zu halten. Diese Funktion ist ihm kaputtgegangen.

2 Möglichkeiten: Und die Trennung könnte nicht umfassender sein. Vor dem Bildschirm hämmert er immer wieder die Buchstaben des sozialen Netzwerks in die Suchmaschine, mit Gewalt, Stunde für Stunde, Stunde, Stunde. Die Antwort ist immer die gleiche, von oben herab spuckt die Maschine, die Wolke auf den Menschen. Sie isoliert ihn. Jede andere Seite funktioniert, nur diese eine nicht ... „Ups! Dieser Link scheint nicht zu funktionieren.", der Fehler liegt bei dir, ups, unfähiger Idiot, ups, kontrollier doch noch einmal den Link, ups. Und er kontrolliert und kontrolliert, das ups, das Unwort, bleibt. Um 3 Uhr nachts schaltet er den Computer aus und schlägt gleich darauf mit der Faust 10- oder 11-mal gegen die Wohnzimmertür, der weiße Lack rieselt, danach kommen Tritte

gegen Regale und Wände. Er lässt sich gehen. Dazu habe ich das Recht, sagt er sich, ich bin allein.

1 Möglichkeit: Das Land der Alternativlosigkeit ist eine Wüste … Er fragt sich, ob er die Lautsprecherdurchsage noch hören wird. „Wegen der Erkrankung eines Fahrgastes …"

2 Möglichkeiten: Entweder/Oder, Entweder/Oder, Entweder–Oder, Entweder-Oder, Entwederoder, Entwederoder, entweder-oder, entwederoder, entoderweder, entwedoder, entwoder, oder, und – bis dorthin ist es lang und weit, da muss vorher etwas wachsen, damit die 3 wieder auftauchen kann von irgendwo, oder sie schlägt lautlos vor oder neben ihm ein, die Zahl, die sich gegen den Punkt stemmt, ihn verdreifacht …

Am unteren Rand des Blattes befanden sich zehn senkrecht vorgeschnittene Streifen, die man abreißen konnte, mit einer Telefonnummer und den fett gedruckten Wörtern „Zur Möglichkeiten-Multiplikation". Alle zehn waren noch da. Er stellte sich vor, wie der Verfasser jeden Abend oder mitten in der Nacht, jedenfalls im Schutz einer Dunkelheit, zu dieser Säule pilgerte, um den Bestand der verbliebenen Streifen zu kontrollieren. Er dachte sich jemanden in seinem Alter, um die dreißig. Und wie dieser Jemand jedes Mal nach einem kurzen Blick enttäuscht und beschämt den Rückzug antrat und verschwand, in der Hoffnung, von niemandem in seiner Enttäuschung gesehen zu werden. Und wie er bei sich zu Hause auf die schwarze esc-Taste starrte, minutenlang, und wie er diese dann ruhig mit dem Zeigefinger antippte, zuerst gemächlich und sanft, und wie er dann schneller und schneller und gleichzeitig immer härter darauf einhämmerte, ohne damit den gewünschten oder auch nur irgendeinen Effekt zu erzielen. Er stellte sich den Mann vor, und er stellte sich vor, wie er aufgab.

Den Streifen ganz links außen riss er mit einem Ruck ab, faltete ihn einmal in der Mitte und verstaute ihn in seiner rechten Hosentasche. Die Nummer wählen. Wer würde sich melden? Wie würde die Stimme klingen? Wie klingt eine Telefonstimme zu so einer Geschichte? Und er überlegte, was der Mann sagen würde, vorausgesetzt, dass es ein *Mann* war, dieser vorgestellte *Er* um die Dreißig, ein Alter Ego, ein Double. Ob er überrascht sein würde oder verschlafen, oder vielleicht würde er auch ärgerlich sein wegen der Störung. Den Text fand er eigentlich gelungen. *Etwas platt und ein wenig flapsig in manchen Formulierungen vielleicht, für meinen Geschmack jedenfalls, und dann auch etwas zu getragen an anderen Stellen, aber darüber kann man hinwegsehen.* Viel wichtiger als die sprachliche Qualität war, dass er beim Lesen etwas von sich darin wieder erkannt hatte, ein seltsames Gewicht in den Zeilen: Es war anzunehmen, dass es da jemanden gab, dem es ähnlich ging wie ihm. Der auch das Gefühl hatte, dass seine Möglichkeiten weniger wurden, nach und nach. Und der von seinen Lebensumständen aufgerieben wurde. Und der daher darauf aus war, eine Entscheidung zu treffen, um diesen Raubbau, diesen Verlust zu stoppen.

„Weil, genau, das Land der Alternativlosigkeit ist wirklich eine Wüste", wiederholte er im Gehen zwei Straßen weiter aus dem Gedächtnis. Sollte er enttäuscht werden, sollte er die Telefonnummer wählen und nichts würde passieren, niemand würde abheben, nicht einmal die automatische Tonbandstimme einer Mailbox, tote Leitung, so würde es immerhin eine kleine Störung im monotonen Tagesablauf gewesen sein, in dem Ablauf, den er sich aufgebaut und in den er sich eingemauert hatte und der ihm inzwischen kaum noch Luft ließ. *Versuch es. Riskier endlich was.* Das sogenannte Risiko: letztlich nur, eine fremde Telefonnummer wählen. *Komm. Trau dich. Immerhin eine Veränderung.* So geringfügig diese auch gewesen sein würde. Immerhin, dachte er beim Weitergehen, eine minimale Abweichung vom Gang durch jene obskuren Bezirke, die ihm der Vater nun bereits seit einigen Monaten auf seinem chaotischen Planeten anschaulich zeigte.

● ist im kreis gegangen, mehrmals, mit wenigen geringfü-gigen abweichungen im radius. die landschaft, sie ist mo-noton, sie läuft auseinander. die aufmerksamkeiten des körpers verlaufen sich im unterholz. die kleinen geräusche (das zweige-knacken, das blätter-rauschen, das rinden-knarren, das nadeln-rieseln) können sie nicht mehr zurück-holen. die tage, sie sind vorbeigezogen, und im vorbeizie-hen sind sie länger geworden. frost beginnt sich aus dem boden zu heben. der wurmstichige atem ist bereits wieder zu seiner unsichtbarkeit zurückgekehrt. dann, jäh, eine er-schütterung, sie geschieht nahe einer lichtung, in hohem gras. eine eiche mit dünnem stamm, sie zuckt in der ferne unter axtschlägen, splittert leise, schwankt, bis sie krachend ihre krone senkt, umfällt und einschlägt. die erschütte-rung rollt heran, getragen von der oberen gesteinsschicht, sie trifft auf die braune hornhaut an den nackten füßen von ●, eine kaum wahrnehmbare schockwelle in der erde, ein mikro-beben – und eine art stichflamme durchpulst ● und bringt den körper in fahrt. über 200 meter hinweg fi-xieren die augen den in der erde gebliebenen baumstumpf, zoomen ihn heran. an ihm lehnt ein mann mit kariertem hemd, einer schwarzen kappe und einem dichten, braunen vollbart. es liegt nicht mehr in der natur des körpers, sich vorsichtig anzuschleichen. ● stürmt auf ihn zu. der kaputte knöchel behindert nicht. scheuklappen sind festgezurrt, links und rechts nur verschwommen-trübe schemen. die peripherie des blicks ist ausgeschaltet. dafür brennt sein zentrum, klar und konzentriert zeichnen sich die lebendigen konturen des mannes ab, auf den ● zurennt, und der mann bemerkt den herannahenden körper, da ist ● noch 150 meter von ihm entfernt. der mann hat genug zeit, sich auf die ankunft vorzubereiten. er stößt sich vom baumstumpf ab, zieht in einer fließenden bewegung die axt zu sich und stellt sich ● breitbeinig und mit entschlossener miene entgegen. er wirkt gefasst. es ist nicht der erste ●, dem er begegnet. die finger umfassen den axtstiel sehr fest, die knöchel verschneien. er wartet auf ●.

100 m

72 m

43 m

20 m

13 m

8 m

5 m

2 m

und als sich kurz vor dem mann die arme von ● nach ihm vorstrecken und sich recken und lang machen, verändert sich der gesichtsausdruck des mannes. schmerzen sind zu erkennen, und mit offenem mund, ohne einen laut, lässt er die axt zu boden fallen, und seine beine knicken ein. ein kniefall. die beiden anderen hatten sich unbemerkt von hinten nähern können. der erste, kleinere, stürzt sich auf seinen linken oberarm, der zweite, großgewachsen, schlank und mit einer grünen und blauen regenbogenhaut, verbeißt sich in seine rechte schulter. ● reißt alle drei zu boden und spürt den pulsierenden knorpel einer nase im mund, umspült von warmem blut. die gegenwehr ist schwach. die übermäßige adrenalinausschüttung wirkt sich auf das fleisch aus: es ist weich und wässrig. innerhalb weniger minuten ist der liegende mann umringt von vielen anderen, gesichtslosen, die aus allen richtungen herbeikommen und den brustkorb mit bloßen händen aufreißen und verschlingen. einige machen ohne einen bissen kehrt. ● frisst, ohne satt zu werden, da helfen weder die gesättigten noch die ungesättigten fettsäuren. das gedränge löst sich auf. kein knochenstück, auch kein kariertes hemd ist mehr übrig. alles verschwunden, bis auf etwas farbe im gras, auf den spitzen der halme. und bis zum schluss kein stöhnen, kein schreien, kein hilferuf. als hätte es den holzfäller gar nicht gegeben.

„Sterbe*begleitung* – dieses Wort ist doch wohl der absolute Gipfel des Egoismus", so der Vater, während er seinen dichten, braunen Vollbart gekratzt hatte. Ein Freund der Familie war an diesem Nachmittag beigesetzt worden, Josef so und so, Krebs, Lunge, metastasiert. Es war für den Sohn das erste Begräbnis gewesen. Er hatte zwei Monate davor seinen fünfzehnten Geburtstag gefeiert. Der Vater hatte dann fortgesetzt: „Es ist doch schon mehr als genug, jemandem vorher und dann über die Jahre mit den Symptomen des Älterwerdens auf die Nerven zu gehen. Sich dann aber auch noch *dabei begleiten* zu lassen ... Würdelos und unanständig ist das. Und schwach."

Josef so und so hatte sich begleiten lassen, beim Sterben. Über Jahre. Von seiner Frau, von seiner erwachsenen Tochter. Der Vater hatte in seiner ihm eigenen, entschiedenen Deutlichkeit gesprochen, bei Tisch, im örtlichen Gasthaus. Er, der Sohn, war dem Vater gegenüber gesessen, in einem schwarzen neuen Anzug mit zu kurzen Ärmeln. Die Trauergäste am Nebentisch hatten aufgeschaut, obwohl der Vater nicht laut gewesen war. Damals war dem Sohn trotzdem nicht der Gedanke gekommen, dass der Vater es vielleicht ernst meinen könnte. Auch für die Mutter war es nur eine Harmlosigkeit gewesen. Sie wussten beide, dass der Vater gelegentlich aus reinem Spaß an der Provokation zu Übertreibungen neigte, besonders gern, wenn er getrunken hatte. Die Mutter hatte lächelnd den Kopf geschüttelt.

Als der Vater dann fünfzehn Jahre später *sein Verbot* verhängte, erinnerte sich der Sohn wieder an diese Begebenheit und ihm wurde klar, dass er damals jedes Wort ernst gemeint haben musste. Jedes Wort bei diesem Leichenschmaus, auch nach Weinglas Nummer Sechs. Die Sätze von damals hatten das *Verbot* von heute prophezeit. Genau eine Woche nach der Diagnose sprach der Vater es aus, in seinem Patientenzimmer, auf dem Krankenbett liegend, zur Mutter und zu ihm:

„Danke euch für den Besuch. Jetzt geht bitte. Beide ... Und ich möchte nicht, dass ihr wiederkommt. Habt ihr mich verstanden? Ich meine es ernst. Ich will euch hier nicht mehr sehen. Das da, das alles, das geht euch nichts an. Das ist meine Sache. Da muss ich durch. Das ist nicht eure Angelegenheit. Ihr wisst, dass ich es so meine. Todernst. Sonst ... ihr werdet mich sonst auf der Stelle los sein. Endgültig. Versprochen. Ihr werdet mich auf dem Gewissen haben. Ich habe Mittel, und ich finde Wege. Also. Redet mit den Ärzten. Haltet euch von mir aus bei ihnen auf dem Laufenden über meinen Zustand. Das kann ich sowieso nicht verhindern. Aber lasst mir meine ...“

Der Vater wandte sein Gesicht zum Fenster, aber untheatralisch. Das Theatralische war kein fester Bestandteil seines Charakters. Trotzdem sah sich der Sohn in diesem Augenblick selbst als Teilnehmer einer heiligen Zeremonie,

oder als Statist, oder noch eher als Requisit in einer Kran-
kenhausserienszene. Nur die musikalische Untermalung
fehlte. Die Melancholie einer Ballade. Das zarte, verletzli-
che Wispern.

Die Mutter und er verließen das Krankenhausgebäude.
Im Gegensatz zu ihr, die das *Verbot* sofort als ewiges, in
Steintafeln gemeißeltes Gesetz betrachtete (der Vater will
es so; das müssen wir respektieren, wenn das sein Wunsch
ist; er hat das letzte Wort, *Punkt*), war er davon überzeugt,
dass es nicht von Dauer sein würde. Diagnose, Krankheitsverlauf, ihre Stadien ... *Ich bin informiert über das, was kommen wird, Gratis-Broschüre im Wartebereich sei Dank. Es wird
instabil werden, dein Verbot. Es wird Risse bekommen und ver-
hutzeln und nachgeben. So wie dein Geist. Du wirst schon sehen.*

Und tatsächlich: Die Krankheit schritt unaufhaltsam und
selbstsicher und mit starker Hand voran, eine kompakte, ef-
fiziente und gut eingespielte Armee. Darüber gab ihm der
zuständige Arzt, dessen Namen er sich nicht merken konnte, einmal pro Woche per Telefon Auskunft, sachlich, me-
dizinisch, informativ. Ergebnisse von Differentialblutbildern,
Kernspintomographien, SPECT und Lumbalpunktion. Er
stellte sich später vor, dass der Mann, sein Vater, in diesem
Zeitraum jeden inneren Monolog und jedes Selbstgespräch
eingestellt haben musste. Vielleicht aus Furcht, jedes auch
nur kurz angedachte Wort in eine Dunkelheit fallen zu sehen, bevor es überhaupt in die Nähe seiner Stimmbänder
geraten konnte. In eine Dunkelheit des Unzusammenhän-
genden, des Nichtnachvollziehbaren.

Oft am Morgen, kurz nach dem Aufwachen, beschloss
der Sohn, heute, ja, endlich, jetzt ist es soweit, ganz sicher
heute, *das Verbot* zu brechen oder es auf irgendeine Weise
zu umgehen. Dann putzte er sich aber die Zähne, wusch

sein Gesicht, zog sich an und ging wie immer ohne Frühstück ins Büro. Für das Umgehen *des Verbots* fehlte ihm die Kreativität, und für das Darüberhinwegsetzen die Entschlossenheit. *Ich habe keine Kraft. Meine Kräfte sind fast am Ende.* Und nach der Arbeit fuhr er nach Hause und legte sich schlafen.

Seine Kräfte erschöpften sich buchstäblich im Nichtstun und Nichts-tun-Können. Die Arbeitszeit in der Firma und vermehrt auch die Freizeit verbrachte er damit, in aller Unruhe zu sitzen und darüber nachzudenken, wie es sein würde, wenn er den Vater wieder sähe. Welcher Anblick sich ihm bieten würde. Was sie zueinander sagen würden. Bei diesen Vorstellungen legte sich immer häufiger ein merkwürdiger Druck auf sein linkes Ohr, wie beim Starten oder Landen in einem Flugzeug. Er gewöhnte sich an, zur rechten Zeit Kaugummi zu kauen, damit bekam er den Gehörgang bald wieder frei. Daneben begann sich jedoch allmählich auch ein hoher, bösartiger Ton einzunisten, der zwar auch wieder verschwand, dessen Anwesenheitsintervalle aber zusehends länger wurden. Und der sich nicht abfangen oder besänftigen ließ. Auch nicht mit Kaugummikauen.

Monate verstrichen. Der Vater war inzwischen in ein Pflegeheim überstellt worden. Der Sohn hatte alles aus der Ferne geregelt, über E-Mails, mit Telefonaten. Dort, im Pflegeheim, begann schließlich jener Zustand des Vaters, der „das finale Vergessen" ankündigte, so der neue, zuständige, etwas jüngere Arzt, dessen Namen er sich ebenfalls nicht merken konnte und immer mit dem Namen seiner Volksschullehrerin verwechselte („Huemer") – jene unvermeidliche Episode, in deren Verlauf die anfängliche „zerstreute Vergesslichkeit" von einer „Panzerglaspermanenz" ersetzt wurde, wie der neue Arzt sagte, der sich lyrischer als der vorherige auszudrücken verstand. Eine Panzerglaspermanenz, auf deren Oberfläche sich das hartnäckige Fernbleiben jeglicher zusammenhängender Äußerungen abzuzeichnen begann. So telefonierte man ihm also eines Tages hinterher, um ihm mitzuteilen, dass der Vater ihn sehen wolle. Dass er nach ihm rufe. Dass er ständig fragen würde, wo er bleibe, wo er sei. Warum er ihn im Stich lasse. Sein einziger Sohn. Und nachdem er dann alles stehen und liegen gelassen hatte und kopflos, ohne auch nur einen Gedanken an *das Verbot* zu verschwenden, direkt vom Büro zum Krankenbett gehastet war, blickte ihn der Kranke kurz und verwundert an und fragte ihn, ob er seinen Sohn kennen würde, ob er ihm schon einmal begegnet sei, und dass er ihm ähnlich sehen würde, ob er ihn nicht anrufen und herholen könnte. Er versuchte ihm zu erklären, dass er es war, er selbst, sein Sohn. *Ich hätte früher kommen sollen. Das Verbot schlichtweg ignorieren. Nicht bis zu diesem Anlass warten. Mein Gehorsam, mein scheußlicher, scheußlicher Gehorsam ...*

„Wir sind alle hier gestrandet, und wir alle tun unser Bestes, um das zu verleugnen." Ein Satz aus dem Mund des Vaters, er allein mit ihm in Zimmer 0304. Die Mutter abwesend und ohne von seinem Besuch, von seiner Übertretung zu wissen. Der Satz des Vaters klang wie ein Zitat, unvermittelt aus einem unbekannten, fernen Kuckucksnest gefallen, an jenem Samstagnachmittag im August, bei 32,7 Grad im Schatten. Die Wörter standen hager in der heißen Zimmerluft, bei wenig Wind, ihre Federn kompakt und unter ihnen das tote Meer. Der Vater sagte die Worte langsam vor sich hin, ernst, fast gesungen, die Betonung sehr sorgfältig gewählt, so sorgfältig, dass der Sohn beinahe darüber lachen musste. Dann kam ein Pfleger, drehte den Vater vor seinen Augen auf die Seite und wechselte ihm die

Windeln und sprach mit ihm furchtbar wie mit einem Kind. Der Sohn dachte, dass der Vater entweder seine himmelhohe Scham hinter einer apathischen Fassade verbergen musste und es so einfach geschehen ließ, oder dass die Fassade selbst bereits ein Opfer des Verfalls geworden war und er es deshalb geschehen ließ.

Kapitel 2

● geht über eine wiese. in wellen hebt und senkt sich während des gehens die bauchdecke von ●, nicht wegen hunger oder atmung, sondern wegen der insektenbesiedelung und ihren unablässigen völkerwanderungen. sie verlagern ihre zentren in richtung anus. dort kriechen sie in ● hinein und wieder aus ● hinaus und in die jeans, die sich hinten am gesäß füllt, auch mit ihrem, nämlich mit tierischem kot. die schließmuskeln sind außer betrieb, sie verschließen nichts mehr, ziehen sich nicht mehr zusammen und weiten sich auch nicht mehr. sie sind entkräftet, so wie die welt und das universum entkräftet sind: es wird aus ihnen und mit ihnen und in ihnen nichts mehr gepresst. sex und urin haben sich für ● auch erledigt, denn der penisschwellkörper ist nicht mehr existent. die schlaffe vorhaut beherbergt eine ruine, ihre letzten trümmer verschwinden in den pharynxen der ameisen. dann muss die vorhaut selbst dran glauben, auch sie verschwindet letztlich, und ein loch bleibt zurück, kreisrund. ● treibt es trotzdem weiter durch das gras.

„Kannst du dich erinnern", fragte die Mutter, „an den einen Urlaub in Italien? Wie er dir am Strand ein Rennauto aus Sand gebaut hat? Du bist gesessen und gesessen und warst ganz stolz in diesem Auto. Und wie echt das ausgeschaut hat. Du wolltest gar nicht mehr aussteigen. Und wie wir auf der Fahrt Richtung Süden die Tunnel gezählt haben zum Zeitvertreib? Zwischendurch sind wir an dieser einen Raststätte stehen geblieben, weißt du noch? Es war immer dieselbe, wenn wir nach Italien unterwegs waren. Und wie er dann in der Sonne gelegen ist, stundenlang. Die Sonne hat er geliebt. Die Sonne im Süden. Und das Meer. Und die Schiffe, die Segelboote. Und wie er das Wort *Takelage* ausgesprochen hat. *Ta-ke-laaa-ge.* Gedehntes Aaa. Kannst du dich erinnern?"

Er konnte, aber er wollte es nicht. Nicht jetzt. Der heutige Besuch im Pflegeheim war noch zu frisch. Er hatte ihr bisher nichts davon erzählt, von keinem seiner Besuche, und dabei wollte er es belassen. Wozu berichten, sagte er sich. Sie würde ihn ohnehin nicht verstehen, bestimmt nicht. Seine Besuche. Sie würde sich nur aufregen.

Sie hatte ihm keine Vorwürfe gemacht, dass er zu spät gekommen war, um eine dreiviertel Stunde. Auch keine Anspielungen. Er machte sich die Vorwürfe nun selber. Er war verschwitzt und ärgerlich, weil er sich von diesem Text an der Litfaßsäule hatte aufhalten lassen. Und für diese Erinnerungen ist gerade überhaupt kein Platz. *Die Erinnerungen sollen von selbst kommen ... du brauchst sie weder leise heraufbeschwören noch lauthals herbeirufen. Dieses Schwelgen –* er schaute von der Seite zur Mutter, die am Wohnzimmertisch saß als läge vor ihr ein Fotoalbum – *das macht man außerdem nur bei denen, die bereits tot sind.*

Hunger. Er ging zum Kühlschrank, um den Thunfischaufstrich zu holen. Dieser starrte ihm aschgrau aus dem durchsichtigen Plastikbecher entgegen. Verfallsdatum 23.2., vor über fünf Monaten abgelaufen. In den Müll. Nächster Versuch, Cottage-Cheese-Becher, ungeöffnet. Abgelaufen: Verfallsdatum 14.1. Er begann die Kontrolle auf den gesamten Kühlschrank auszuweiten. Kein einziges Lebensmittel, das nicht entweder dunkelblaugrünen Schimmel angesetzt hatte (Käse) oder sauer und gestockt (Milch) oder bräunlich verhärtet und verdorben (Honigkrustenschinken) gewesen war. Die Mutter hatte seine Inspektion nicht bemerkt. Sie saß nach wie vor im Wohnzimmer am runden Tisch, ihren Blick rückwärts und nach innen gewandt.

„Und weißt du noch, wie er ..."

„Was ist los?", unterbrach er sie. – „Was los ist?", wiederholte er, weil er keine Antwort bekam.

Pause.

„Was meinst du? Was soll los sein?", fragte sie abwesend.

„Das ganze Essen im Kühlschrank", sagte er.

„Was ist damit?"

„Alles abgelaufen."

„Blödsinn."

„Schau doch selbst. Da ist nichts mehr, was man essen könnte."

„Nein – Blödsinn."

„Jetzt schau bitte."

Sie brauchte den Blick nicht heben.

„Ich ... ja ... ich hab nicht die ... die Kraft in der letzten Zeit. Das Einkaufen, das ist für mich ... eine Tortur. Die vielen Leute dort. Die Hitze. Die Schlange an der Kasse."

Pause.

„Eigentlich ab dem Zeitpunkt der Diagnose ... da hat es angefangen. In Klein."

„Was hat angefangen?"

„Ich weiß nicht. Diese ... Ich weiß nicht, wie ich sagen soll. Ein Gelähmtsein. Innen."

Sie klopfte sich mit den Fingerknöcheln auf das Brustbein.

„Ich ... ich kann es nur so nennen."

Pause.

„Einfach erschöpft", fuhr sie dann fort. „Und dann ... ich glaube, kurz nachdem er uns verboten hat, ihn zu besuchen ...

ja, dann ist das ... seitdem schaffe ich kaum noch das Aufstehen morgens. Wenn der Wecker klingelt ... Das sind auf einmal Gewehrschüsse, richtige Salven. Dann ziehe ich mir die Decke über den Kopf. Meine Haut kribbelt, sie ist so empfindlich geworden, so empfindlich. Als ob da tausende kleine Beinchen ... Eine kleine Aufregung genügt schon, und dann fühlt es sich so an, als ob alles übersät wäre mit tiefen Nadelstichen. Ganz feine Narben. Und die wollen sich nicht wieder schließen, nicht und nicht."

Er betrachtete sie, ihre zusammengesunkene Gestalt, die hängenden Schultern und den gesenkten Blick. Nur die abgestützten Hände am Tisch hielten sie noch in dieser aufrechten Position. Über ihr hing ein Seerosenbild, Monetkopie auf Seide. Die Wand dahinter war bleich und abweisend, wie die anderen Wände. Ihm war, als ob Kalk durch die Luft rieselte, weil sich der Dachstuhl dunkel weggedreht hatte. Das ganze Haus hatte sich abgekehrt, war nun eine fragile Konstruktion aus Draht, ein altes, verrostetes Fahrradgestell mit verbogenen Speichen und an mehreren Stellen gefährlich scharfen Kanten. Mit dem kalten Kachelofen in der Ecke und dem staubigen Fondue-Set im Regal.

Die Mutter setzte fort, in Gedanken versunken, als ob sie zu sich selbst sprechen würde: „Dann hab ich eine Werbung im Fernsehen gesehen, über Schmetterlingskinder. Mit eingeblendetem Spendenkonto, du weißt schon, so ein Aufruf. Schmetterlingskind. Schmetterlingskind. Schmetterlingskind! Hab ich dann immer wieder zu mir gesagt. Mein neuer Spitzname, hab ich gedacht. Den hab ich mir selber nachgerufen, wie die Kinder, wenn sie sich gegenseitig etwas Böses nachrufen."

Sie sah ihm plötzlich direkt ins Gesicht, mit weiten Augen: „Irgendwo hab ich gelesen, Tage später dann – die

Bezeichnung bedeutet nicht nur eine Hautkrankheit, sondern auch eine Totgeburt."

Lange Pause. Etwas knirschte innen laut gegen seine Rippen.

„Hör bitte auf", sagte er. „So kann das doch nicht weitergehen. Du musst einfach ..."

„WAS *MUSS ICH*?" Ihre Stimme wurde laut und hoch, überschlug sich scharf beim CH, und dämpfte sich daraufhin wieder zu einem Murmeln.

„Gar nichts muss ich. Was wollt ihr alle eigentlich? Lasst mich doch in Ruhe."

Sie redete im Plural zu ihm, er war plötzlich viele.

„Dann müssen *wir* ...", sagte er.

„Ich will nichts mehr hören", sagte sie schneidend. „Er hat entschieden. Dein Vater hat entschieden. Es ist alles gesagt."

„Das heißt, es gibt nichts mehr, was du tun willst. Nur warten. Oder ist das auch schon zu viel Tun?"

Schweigen. Er spürte etwas. Ein Schrapnell zündete in seiner linken Herzkammer, ein zweites im Brodmann-Areal 44 seiner Großhirnrinde.

Und währenddessen wurde ihm die Mutter rätselhaft.

auf der autobahn, an ihren leitplanken entlanghinkend, treibgut. es geht leicht bergab. abgehackte schwarze reifen- und bremsspuren unter den nackten sohlen. ● begegnet einem ausgebrannten wrack, die beine besteigen und übersteigen alles niedrige, blechteile oder gummiteile oder plastikteile. zu hohes für den hinkenden fuß wird umgangen. ein kind, schneller als ●, geht links vorbei, ab einem vorsprung von drei metern wird es langsamer, lässt sich auf die höhe von ● zurückfallen. ein kind, ein mädchen, schulterlanges braunes haar, mit einem weißen haarreifen und einem loch im himmelblauen kleidchen, im brustkorb, durch das eine männerfaust passt. ihre augen sehen ● nicht, sie sehen nichts. junges, altes, gebrochenes, blutunterlaufenes, leer gefischtes meer, das sich in ihrem halben tot-lebendig-sein spiegelt. man teilt nicht, man wird nicht geteilt, man verharrt beim fortschreiten im bloßen gläsernen neben-ein-ander, ohne zu sehen. da, beinahe eine imagination von ● – sie bleibt aber dann doch unausgeführt, denn sie wird vor der keimung vom tod erstickt: es muss nicht sein, dass das mädchen an dem loch im brustkorb gestorben ist, es kann eine gehirnhautentzündung gewesen sein, eine, die übersehen worden ist von den eltern oder vom hausarzt, eine bakterielle, die fälschlicherweise für eine grippe gehalten und dann zu spät behandelt worden ist, und wo die mutter als reaktion auf den verlust begonnen hat, dann eine puppe als ersatz zu behandeln, mit ihr streng zu sein, sie zu baden, mit ihr zu spielen, ihr vorzulesen und schlaflieder vorzusingen.

Er hatte die Mutter allein gelassen und war aus dem Haus gegangen. Vorher noch ein bemühter Kuss auf die linke Wange. Und kaum hatte er ihr den Rücken gekehrt, und kaum war die Tür hinter ihm ins Schloss gefallen, wurde mit der Einfriedung begonnen, waren riesige, unsichtbare, gelbe Bagger angerollt und hatten einen Graben ausgehoben, einen Schützengraben, um das Haus, um ihrer beider Sprachen.

Er besuchte sie weiterhin zweimal pro Woche. Dann redeten sie über das warme Wetter, den Fönsturm, was man am Tag zuvor gegessen hatte und wann es im Garten vor dem Haus mit den zwei Hochbeeten für sie wieder etwas zu tun geben würde. Sie ließen sich auf nichts mehr ein. Sie umschifften jede Mitteilung, so lange, bis sie aufgelaufen waren, jeder auf seinem Riff, und voneinander und ihren vorgeschobenen Alltäglichkeiten genug hatten. Dann saßen und schwiegen sie, bis sie sich verabschiedeten.

Zur selben Zeit und insbesondere nach den Besuchen bei der Mutter, wuchs das Geräusch in seinem linken Ohr, es wuchs und wuchs, wurde lauter, es gierte nach Aufmerksamkeit, nur ein wenig davon war für das Geräusch zu wenig, es wollte gehört werden, immer öfter, am Tag und in der Nacht, es wollte wie ein ausgehungerter Köter in seinem Hunger gehört werden. Anfangs versuchte er es noch zu ignorieren, so gut es ging, so lange, bis er es nicht mehr ausblenden konnte, weil es sich allmählich auch angewöhnte, unabhängig von seinen Besuchen bei der Mutter aufzutauchen. In dieser zunehmenden Zudringlichkeit raubte ihm das Geräusch mehr und mehr den Schlaf. Und so fing er irgendwann an, sich mit dem Geräusch zu befassen, gezwungenermaßen quasi, er fing an, ihm zuzuhören, sanft, in der Hoffnung, es beschwichtigen, es streichelnd beruhigen, zu zähmen und letztlich verabschieden zu können. Es gelang nicht. Vielmehr schien das Geräusch dadurch nur noch mehr angestachelt zu werden, was dazu führte, dass es den Ort, wo es erstmals Fressen gefunden hatte, gar nicht mehr verließ. Es fand in seinem Gehörgang einen stets gefüllten Aufmerksamkeitsnapf. Den leckte es bis zum Grund aus und nagte sich dann durch den Boden, mit Tollwut und kläffendem Terror. Zuvor Gast und nur ab und zu anwesend, glaubte das Geräusch nun eine neue Heimat gefunden zu haben. Und in dieser Heimat war der Sohn nicht mehr vorgesehen. Es war dann auch kein Betteln mehr, sondern ein unbedingtes Daraufbestehen, in seinem

Innen zu bleiben. Ein selbstverständliches Beanspruchen von Raum, eine Forderung, in der er abgeschafft war. Diese Auseinandersetzungen mit dem Geräusch brachte wiederum mit sich, dass der Sohn sein Außen brachliegen lassen musste. Die Besuche beim Vater wurden weniger. Ihre Abstände klafften auseinander. Die Krankenstandtage des Sohnes reihten sich dafür umso enger aneinander. Nach achtzehn fast schlaflosen Nächten, in denen er die Reste seiner „nervlichen Substanz" zurückließ, wie er es dann für sich selbst ausdrücken sollte, und in denen die Heimsuchungen der ANGST ihren Anfang nahmen, entschloss er sich zu handeln.

Dieser Morgen, ein mohnschwarz betauter Teppich. Eine der beiden Toastscheiben war mit einem übermütigen Satz aus dem Toaster gehüpft und auf der Arbeitsfläche der Küchenzeile gelandet, wo sie einen Schweißfleck in der Gestalt eines zahnlosen Bibers hinterlassen hatte. Inzwischen saß der Sohn vor dem Teller mit beiden Toastscheiben, und es kamen ihm Erinnerungen: Zum Frühstücken gezwungen sein, wie damals, in der Schulzeit. Damals gab es Ovomaltine mit einem Zuckerwürfel und einem halben Teelöffel Honig für einen guten Start in den Tag, ja. Und Froot Loops, die qietschbunten Ringe in Milch, serviert von diesem exotischen Vogel. Dann eine Semmel, zumindest eine halbe, am besten die obere Hälfte, mit Butter drauf, hoch wie der kleine Finger breit, ja. Die Großmutter hatte darauf bestanden, pünktlich um 7:00 Uhr, Montag bis Freitag. Codename der Mission: „groß und stark", ja, immer, „groß und stark", und zu Mittag, nach der Schule, Schweinebraten, Knödel mit Ei oder mit einer Fleischsoße, „damit du ...", ja. Ja. Ja. Schon die halbe Semmel am Morgen war zu viel, ein trockenes Im-Mund-behalten, Kauen in Endlosschleifen, schließlich dann doch ein Hinunterwürgen des Breis. Oft raunten ihm Zeige- und Mittelfinger etwas zu und packten ihre Überredungskünste aus, suggestiv und zärtlich, sie könnten das Sich-schlecht-Fühlen beseitigen oder zumindest abschwächen, nur hin zur Kloschüssel und tief in den Hals stecken, beide, Entlastung kommt sofort. Beim Verlassen des Hauses in Richtung Schulbushaltestelle dann ganz oft die fette, schwarzweiße Nachbarskatze, und sie wirkte so unbekümmert und friedlich im Gras des Nachbargartens, dass er ihr Kieselsteine hinschoss und sich nach einer Verwandlung in ein Tier wie bei Kafka sehnte.

Frühstücken: Nun lag es nicht mehr an der Großmutter, sie war gestorben vor etwa drei Jahren, sondern an PRAM® (regelmäßige Einnahme) und XANOR® (Einnahme bei Bedarf), wegen denen er sich den Toast schmierte und Kaffee hinstellte. Vorher essen war wichtig wegen der Wirkstoffverträglichkeit. Dosierung PRAM®: 1 Tablette pro Tag. Dosierung XANOR®: ½ und ¼ Tablette bei Bedarf. Schwierig abzubeißen. Wie genau ¼ bemessen per Biss? Eher eine Gefühlssache. Oder mit dem Messer? Auch schwierig. Aber trotzdem möglichst genau versuchen, sich bemühen, wegen des Magens, wegen der Verdauung, wegen der Verträglichkeit und so weiter.

Erklärungen der Fachärztin für Psychiatrie und psychotherapeutische Medizin zu PRAM® (mit Bleistift von ihr für ihn auf ein kariertes A4-Blatt mitprotokolliert, Zusammenfassung):

Wirkstoff: Citalopram, 30mg-Tabletten.

Wirkweise: Blockierung Nervenrezeptoren Gehirn, die für die Wiederaufnahme des Botenstoffs Serotonin zuständig sind.

Wirkungen: Stimmungsstabilisierend, innerer Halt, löst

Ängste, bei Belastungen gelassener, kein Aus-der-Bahn-geworfen-Werden mehr, Antrieb, Lust, Freude.

Vorteile: kein Suchtpotential, keine Persönlichkeitsveränderung.

(„Sie verwandeln sich nicht in ein Monster", hatte sie gesagt.)

Einziger Nachteil: volle Wirkung entfaltet sich erst in 2–4 Wochen.

Er hatte mittlerweile vierzehneinhalb Tage hinter sich.

Hätte man vom Sohn verlangt, so vollständig und wortlautgetreu wie möglich jene Eindrücke und Angaben aus dem Gespräch, die selbstverständlich in der sachlichen Auflistung der Fachärztin keine Erwähnung fanden, niederzuschreiben, so hätte diese Transkription vermutlich wie folgt ausgesehen:

„Vormittags einnehmen, sonst könnte es sein, dass wieder der Schlaf darunter leidet. Wenn später eingenommen. Also bitte: Nicht auf nüchternen Magen einnehmen und viel trinken bei der Einnahme. Nebenwirkungen dann vernachlässigbar. Obwohl: Leichter Schädeldruck, leichte Übelkeit, Verstärkung der Angstzustände und Panikattacken (sollten durch die Kombination beider Medikamente jedoch gemildert werden und sich nach wenigen Tagen legen), trockener Mund, Gähnen, das kann schon vorkommen. Es könnte auch sein, dass die Orgasmus- und Ejakulationsfähigkeit darunter leidet, das sei zum Schluss auch noch erwähnt. Das wird sich zeigen. Auch was Wechselwirkungen angeht. Johanniskrauttee ist nicht gut, bitte daher davon absehen. Alkohol, ja, diese Frage kommt oft, na ja, solange Sie die Tabletten nicht mit Jack Daniel's runterspülen. Ein paar Bier am Abend sind kein Problem. Aber alles in Maßen, das versteht sich von selbst. Die Wirkung von Alkohol kann sich potenzieren, also etwas darauf achten. Und ja, wichtig, bevor Sie gehen: Ich würde Ihnen dringend zu einer Therapie nebenbei raten. Wirklich. Das würde den Heilungsprozess ihrer Nerven signifikant beschleunigen."

„Selektive Serotoninwiederaufnahmehemmer. Selektive Serotoninwiederaufnahmehemmer. Selektive Serotoninwiederaufnahmehemmer. Selektive Serotoninwiederaufnahmehemmer ..." *Kein Stolpern mehr, geht mittlerweile wunderbar, kein Versprecher mehr, gut und überzeugend und ganz natürlich, wie „Blaukraut" oder „Enzyme" oder „Sessel".* Auf einem gepolsterten grauen von IKEA saß er nun vor dem Computerbildschirm, in der rechten Hand seinen steifen Schwanz, und spritzte seinen Samen zu einem Workoutpornstarfick (Internetvideostream, Plattform: freeomovie.to, Setting: Fitnesscenter, Flachbank, Kategorien: beauty, threesome, hot body) in zwei vorher bereitgelegte, ausgefaltete und nach Eukalyptus riechende Papiertaschentücherquadrate. Doppelte Lage war wichtig, erfahrungsgemäß. Es war ihm schon passiert, dass durch die viele Flüssigkeit und durch den Druck des Ausstoßes das Taschentuch gerissen war. Unangenehm, wenn es außen über die Finger läuft und auf die Oberschenkelhaare tropft und diese verklebt. *Es funktioniert also noch. Ich kann ejakulieren, wann ich will. Ich kann abspritzen, wann ich will. Allzeit bereit. Wie die Feuerwehr. Wo ist der nächste Brand, Baby?* [Dreckiges, schmerbäuchiges Männerlachen] *Wo brennt's? Ah ja, zwischen den Beinen, klar. Das haben wir gleich.* Er schüttelte den Kopf, als wollte er sich selbst ganz verscheuchen, und hoffte, dass die Wirkung der Tabletten bald eintreten würde. Er rechnete nach und kam wie bereits vor zwei Stunden auf vierzehneinhalb Tage seit der ersten Einnahme. *Nicht mehr lange.* Sein emotionales Erregungsreservoir sollte auf Dauer nicht von Amy Ried, Audrey Bitoni, Black Angelika alias Angelica Black alias Black Angelica alias Angelina Black oder anderen, für männliche Verbraucher von männlichen Produzenten (mit einer im Internet ausgelebten Tendenz zu legasthenischen Rechtschreibfehlern) erfundenen Frauennamen, Projektionsflächen von A bis Z, abhängig sein und neu aufgeladen oder zerstreut werden. Schließlich hatte er während seines Studiums, auch wenn dieses kurz gewesen war, Texte von Judith Butler gelesen und einiges von Simone de Beauvoir, auch ein paar Aufsätze von Julia Kristeva und Hélène Cixous, den feministischen Kanon, die eiserne Diskursbastion gegen den Phallogozentrismus, gegen dieses fürchterliche patriarchale Bild- und Blickregime, das die Frau in Anführungszeichen per se auf ein passives, verfügbares, empfängnisbereites Objekt reduziert und das es nach Meinung vieler Feministinnen und auch nach seiner Meinung noch immer von allen Ecken und Enden, aus allen möglichen Stellungen heraus zu bekämpfen galt. Er hatte stets zwei, drei geistreiche Zitate von Virginia Woolf parat. Und er schätzte die Arbeiten von Elfriede Jelinek und VALIE EXPORT. Deshalb konnte er die ganzen erfundenen Namen aus dem Pornoalphabet vor diesen anderen Namen nicht rechtfertigen, nicht auf Dauer, nicht ohne schlechtes Gewissen. Eine Genderzwickmühle. *Wobei, vielleicht gehöre ich auch zu denjenigen, die sich diesem „weiblichen Kampf" nur angeschlossen haben, um „der Weiblichkeit" in dicken Anführungszeichen zu imponieren. Ein alberner Pfau in einer albernen Pose. Ein aufgeplusterter Beutel, voll mit verkohltem Mikrowellenpopcorn.* Wie dem auch sei; was er mit hoher Wahrscheinlichkeit sagen konnte, war, dass das Spektrum an möglichen Gefühlen, zu denen er sich fähig sah, ohnehin bereits an starker Verarmung litt und sich mit der Zeit *restlos* selbst kannibalisieren würde, sollte er sich weiterhin mehrere Stunden täglich durch die kostenlosen Videos klicken. Und dann würde die ANGST sich noch mehr ausdehnen können und noch mehr Raum in ihm einnehmen, und sie würde diesen befestigen, und mit Knüppeln, Mistgabeln, Fackeln und Faustfeuerwaffengewalt würde sie ihre Altäre verteidigen.

es ist nicht anhänglich, das mädchen im himmelblauen kleidchen, es stört ● nicht weiter, weder gewöhnt sich ● an das mädchen als ein „neben" noch ist es lästig, das mädchen, es ist einfach da. eine beiläufigkeit. kein gemeinsamer nenner, die beiden körper haben nur zufälligerweise ähnliche geschwindigkeiten. sie kommen an einer tankstelle vorbei, verkohlte, schwarze äste oder knochen liegen verstreut bei der ein- und der ausfahrt, kerosin verbrennt gewebe gut. aus dem tankstellenshop steigt schwarzer rauch. die zum teil verbrannte fassade strahlt noch wärme ab. es riecht nach benzin und nach asche. ein igel liegt überfahren am pannenstreifen, seine eingeweide stecken auf den stacheln. all das, all diese anblicke und vorgänge entsprechen dem körperlichen zustand von ●, bilden ihn ab. oder der körperliche anblick und vorgang von ● entspricht dem geistigen zustand ... dem geistigen zustand eines anderen, eines in der ferne, eines abwesenden, und bildet ihn ab.

So hoffte der Sohn also auf ein baldiges Durchatmenkönnen. Auf eine Blockierung der Nervenrezeptoren im Gehirn. Sein Körper hatte sich seit *dem Verbot* an ein Sich-Wehren gewöhnt. Geriet er zum Beispiel mit etwas in Kontakt, das ihn überraschte, wie vor kurzem in der Straßenbahn auf dem Weg zur Arbeit, als ihn ein Fremder auf

Krücken und mit schütteren grauen Haaren in ein Gespräch hatte verwickeln wollen über die Bedeutung von NGOs, über die Zivilgesellschaft und die verlogenen und korrupten Politiker von heute, da zogen sich blitzartig seine Nackenmuskeln zusammen, was eine Ballung, eine Verhärtung und einen Rückzug der Kiefermuskulatur zur Folge hatte, einen Rückzug in eine Verteidigungsposition, in eine elektrische Festung, die jedem noch so kräftigen Kinnhaken standgehalten hätte. Dann stockte ihm jedes Mal der Atem, und ein Antworten war ihm nicht mehr möglich. Dazu gesellten sich Magenschmerzen, Krämpfe, die sich anfühlten, als ob kräftige Zwerge das Organ auswringen würden. Schweiß war für ihn unerträglich. Schweiß bedeutete Unsicherheit. Schweiß hieß, entdeckt zu sein in der eigenen Unsicherheit. Er hatte versucht, die Poren darauf zu trainieren, dicht zu machen, sobald sich der Flüssigkeitsaustritt auch nur anzukündigen drohte. Es gelang ihnen oft nicht zeitgerecht. Und besonders in der letzten Zeit seit Beginn der Schlaflosigkeit taten die Poren so, als ob sie nichts, rein gar nichts gelernt hätten. Und dann sah er aus wie jemand, der während eines Gewitters nur deshalb mitgehen durfte, weil er versprochen hatte, ein paar Meter hinter dem aufgespannten Regenschirm herzulaufen. Der Fremde auf Krücken in der Straßenbahn hatte das alles natürlich sofort registriert. Sein Blick war ein Blick des Triumphs gewesen, glaubte er.

Nach der dritten Ejakulation innerhalb von zwei Stunden (Internetvideostream, Plattform: tubegalore.com, Setting: Badewanne, Kategorien: POV, fake tits, Blowjob, pregnant) tat ihm sein Penis weh – ein Pochen. Er wischte die Eichel gründlich ab, zog die Vorhaut zurück und nach vorne, um letzte Tropfen aus dem Schlitz zu quetschen, stopfte das erschlaffende Glied in die Hose und knöpfte sie zu. Dabei fiel ein Zettelstück aus der rechten Tasche. *Supermarktrechnung ... oder alter Einkaufszettel ...* da erkannte er die Telefonnummer und das Wort „Möglichkeiten-Multiplikation". *Regenwurmwort*, dachte er. Er hob den Papierstreifen, der bereits dabei war, den Holzboden unter dem gekippten Fenster nach lockerer Erde abzusuchen, schnell auf. In seiner anderen Hand, zwischen spitzen Fingern, steckte das feuchte Taschentüchergedränge, das eine kleine, schimmernde Schneckenspur auf dem schwarzen Schreibtischholz hinterlassen hatte. So ging er zur Toilette. Beinahe hätte er dort den falschen Handinhalt hineinfallen lassen und weggespült. Er kehrte zum Computer zurück und legte den Zettel mit der Nummer sorgfältig aufgefaltet vor sich auf den Tisch. *Es kann vielleicht nicht schaden*, überlegte er. *Ich glaube, es kann nicht schaden, neben den Medikamenten noch etwas anderes auszuprobieren. Oder? Wieso nicht. Etwas Zusätzliches. Wenn die Ärztin ja auch der Meinung ist. Sie hat extra darauf hingewiesen. Muss ja nicht gleich eine Psychotherapie sein. Nein, noch nicht. Jetzt momentan reicht vielleicht schon eine Unterhaltung mit diesem Autor. Der ja ebenfalls in einer Sackgasse feststeckt. Da könnte es helfen, wenn man einander berichtet. Ein Erfahrungsaustausch. Wie sagt man so schön: Geteiltes Leid ist halbes Leid.* Er rülpste laut. *Idiotisch. Dass du dich nicht schämst für einen solchen Schlagertextklischeegedanken. Schluss damit. Worauf wartest du? Wenn du noch länger überlegst, wirst du ganz bestimmt nicht mehr ...*

Und er kratzte sich im Nacken, und dann tippte er die Zahlen in sein Smartphone. Während des Freitons ließ er die kleine weiße Verpackung, die neben dem Papierstreifen auf dem Tisch lag, wie einen Kreisel vor sich tanzen und drehte und wendete sie nach allen Seiten. Die Vorderseite der PRAM®-Packung zeigte eine orangefarbene Sonne am Horizont. Ihren Aufgang, definitiv. Pharmakologisches Symbol für einen Neuanfang, auch in Blindenschrift. Für einen neuen, klaren und wunderschönen Tagesbeginn in hellrosa mit Bruchrille. An dem man wieder gern aus dem Bett steigt. Sonnentanz, in Südfrankreich. Buchstaben*chanson*tanz. Es läutete weiter, und er dachte zwischen den Tönen an ein Gedicht, an

l'amour
die tür
the chair
der bauch

und musste fast lächeln.

Es knisterte in der Leitung, Stille, dann: „Werr sprricht?"

Eine Männerstimme (also richtig gelegen), bei der das r über die Zungenspitze in das andere Ende der Leitung rollte.

„Ich hab Ihren Text gelesen", sagte er, „an der Litfaßsäule, mit den Telefonnummern."

Stille.

„Mit der Möglichkeiten-Multiplikation", setzte er fort und spürte seine Hände feucht werden.

„Frreut mich", antwortete es vom anderen Ende. „Wann haben Sie Zeit? Was halten Sie von Essengehen? Dalmatinisch?"

Er spürte eine seltsame Erleichterung und ein leichtes Magenknurren. *Gut, ein Anfang.*

am'lour
tie dür
che thair
ber dauch

das mädchen in himmelblau betritt nach ● die ebenerdige herrentoilette der tankstelle. unvermutet liegt hinter der fassade ein frisch renovierter raum mit neuen weißen fliesen. sie tragen keine signaturen, namen, codes, kein „georg was here", kein „kevin ♥ tara" oder „fuck life" oder „anarchie" oder „lisa lutscht schwänze" oder „fotze" oder „88". dafür liegen die scherben der eingerissenen oder zerbrochenen schamwände zwischen den urinalen, die so ausgestellt, so öffentlich zur schau gestellt wirken wie der körper von ●. in einer langen und vergleichsweise breiten fliesenfuge, die auf augenhöhe durchgängig den raum umrundet, steht, von schimmel befallen, für niemanden mehr lesbar, schmal mit bleistift hineingekritzelt: *manhatvomkörperallesgesehenendlichallesistobszönundnichtsistesmehrderkörperlässtnichtsausdarumlässtersichaufnichtsmehreinesläuftjetztimmerhinallessterbenslangweiligabauchdassterben.* da huscht ein loch über den boden, es ist ein tier, eine fette ratte. das mädchen in himmelblau schnellt nach vor. doch es ist nun nicht mehr himmelblau gekleidet. stattdessen hat es einen schwarzen kapuzenpullover an. über der tankstellenschwelle ist das mädchen hinter ● erwachsen geworden, eine junge frau. sie hat die ratte zuerst gesehen und ist wendiger als ●, mit einem satz ist sie bei der kreatur. das pelzige ding ist krank und verendet gerade, es hat schaum vor dem mund und eiter im fell, und die beinchen zucken auf und ab. die junge frau erwischt die ratte gleich beim schwanz, bevor sie sich durch die offene tür nach draußen schleppen und entwischen kann. die ratte wehrt sich noch und verbeißt sich in den handrücken der jungen frau, deren zahnregulierung aufblitzt. sie führt das tier zum mund. es verhängt sich mit einem strampelnden hinterbein im draht der zahnspange. einige keramikbrackets lockern sich und fallen klickend zu boden. auch der draht biegt sich auf und löst sich von den zähnen der jungen frau, die das toxische tierfleisch und damit einen weiteren tod in sich hinein und nach unten zwängt.

Das Restaurant, das ihm der Autor am Telefon vorgeschlagen hatte, war gut besucht. Es wurde angenehm viel kroatisch gesprochen. Er traf als erster ein, pünktlich zur verabredeten Zeit. Die Tabletten hatten in den letzten Tagen schleichend zu wirken begonnen. *Sie werden mich durch die Aufregung tragen,* dachte er. Die Einrichtung des Restaurants dominierten gedeckte Farben, die Wände waren mit Echtholz verkleidet, an ihnen hingen rote Schüttbilder. Für Gedeck musste man extra zahlen, das hatte er auf der Speisekarte draußen in der Glasvitrine gelesen. Er setzte sich an einen Tisch, von dem aus er den Eingang gut im Blick hatte. Am liebsten hätte er sofort nach dem Platznehmen ein Karlovačko bestellt. Er war nervös, wollte jedoch keinen falschen ersten Eindruck erwecken, also bat er nicht um Bier, sondern um stilles Wasser. Der Kellner brachte einen Glaskrug zum Tisch. Nein, er wollte einen *hervorragenden* ersten Eindruck erwecken. Warum, wusste er selbst nicht genau zu sagen. Er versprach sich etwas, so wie man sich hin und wieder bei bestimmten, sonnigen Morgenlichtfäden etwas vom restlichen Tag verspricht, mit keiner oder völlig unbestimmter Handhabe, mit leeren Händen und ohne nachzudenken. *Und wenn es nur ein kleines Gespräch über den gelesenen Text wird. Ein Gespräch mit einem fremden Autor über seinen von mir rein zufällig gelesenen Text. Vielleicht ein Geplauder, vielleicht eine Ablenkung, vielleicht mehr. Hoffentlich mehr. Hoffentlich. Wenn schon von „Möglichkeits-Multiplikation" die Rede ist ...* Bei diesem Gedanken wurde er aufgeregt, und die Aufregung trieb ihm eine leichte Röte ins Gesicht.

Nach fünfzehn Minuten wurde er ungeduldig. Die Beine unter dem Tisch begannen abwechselnd auf und ab zu tuckern, zwei emsige Nähmaschinen, einmal links, einmal rechts. Die Zehenballen hatte er fest auf den Boden gedrückt, beide Fersen zitterten in der Luft, knapp über dem Linoleum.

Nach zwanzig Minuten nippte er bereits am dritten Glas Wasser. Aus dem Krug würde man noch etwa ein halbes Glas füllen können. Der Rest beschäftigte inzwischen schon seine Blase, sie drückte ihn. *Ich darf jetzt nicht aufstehen, ich kann den Raum jetzt unmöglich verlassen. Ich muss sitzenbleiben und warten. Ich darf ihn nicht übersehen. Was, wenn ich ihn verpasse? Die anderen, was würden die anderen an den anderen Tischen denken, die Kernfamilie dort drüben oder das lesbische Pärchen da hinten oder der Zeitungsleser in der Ecke, was würden die denken, wenn ich die Gelegenheit verpasse und dann nach der verpassten Gelegenheit aufstehe und gehe ohne eine Bestellung? Was würde der Kellner denken? Was würde der erst denken und sagen? Bestimmt über mich herziehen würde er, hinter meinem Rücken. Und spotten und seine Derbheiten loslassen, in seiner Familie, in seinem Freundeskreis, wird ihnen nach Feierabend zu Hause von seinem Tag erzählen und seine Witze machen, über diese traurige Gestalt, diesen unsicheren, jämmerlichen, lächerlichen, bemitleidenswerten, selbstmitleidigen, wegen dem eigenen Selbstmitleid sich selbst noch einmal mehr bemitleidenden Typen.*

Nach fünfundzwanzig Minuten kippte seine gesteigerte Unruhe in Resignation. Der Kellner war mehrmals prüfend an seinem Tisch vorbeigelaufen. Ihm kam es so vor, als ob sich bereits Misstrauen und leichter Spott in seinen Blick gemischt hätte und seine Miene von Mal zu Mal düsterer geworden wäre. Er versuchte dem Kellner mit einer besänftigenden Handbewegung und einem leichtem Nicken zu signalisieren, dass es sich nur mehr um Sekunden handeln könne, bis seine Verabredung eintreffen und er endlich etwas bestellen würde. *Ich gebe dem Ganzen hier noch weitere fünf Minuten und das war's dann. Wie komme ich dazu, dass ...?* Und die Eingangstür unterbrach ihn beschwingt, sie öffnete sich seit er hier war zum ersten Mal.

Der Mantel aus schwarzem, leichtem Stoff reichte dem Mann bis zu den Knien. Auf der rechten Seite, Oberarm Mitte, war eine Stickerei angebracht, Sonne, Mond und Sterne, in zartem Hellgelb, was seinem Auftreten etwas Sensibles verlieh. Schwarze Weste, schwarze Pluderhose. Der Mann kam zum Tisch und reichte ihm die Hand, sein Griff war vorsichtig, fast etwas zu sanft. Der Blick des Mannes war weich und neugierig, befand sich aber in einer gewissen Entfernung und taxierte nicht, sondern hielt sich angenehm zurück. Die Körperhaltung wiederum war fast unnatürlich aufrecht, wobei er nicht den Eindruck hatte, dass sich die Wirbelsäule dafür sonderlich abmühen musste. Der Mann sagte freundlich „Hallo, *f*reut mich, dass du gekommen bist" und stellte sich als Christian vor, Nachnamen nannte er keinen. Er war froh über das „du" und nannte seinen Namen. Das Altersgefälle betrug seiner Einschätzung nach um die zwanzig Jahre. Er kalkulierte sein Gegenüber auf Ende vierzig. *Also doch kein gleichaltriges Alter Ego, kein Double. Und womöglich auch nicht der Protagonist des Textes, für den ich ihn gehalten habe. Aber noch keine weißen Ansätze oder Strähnen im schwarzen, dichten Haar, lediglich im scharf gestutzten Ziegenbart etwas Grauschimmer.*

„Dein Text ist großartig", sagte er zu Christian. Er wollte dabei fest und sicher klingen. Seinen Harndrang hatte er vergessen.

hinter den saftlosen zapfsäulenautomaten des tankstellentorsos türmt sich die raststätte in den himmel. vor ihr grasen zerknüllte taschentücher auf den parkplätzen neben staubigen autos. am zellstoff dieser weißen zwirnsterne kleben ausscheidungen, flüssigkeiten, abfälle, hingeworfene, menschliche. die offene glastür der raststätte eine einladung, der körper von ● nimmt an, nur dieser eine körper, denn der körper der jungen frau hat sich mit der ratte abgesetzt. das drehkreuz dreht sich einmal im kreis. gebrochene lebkuchenherzen hängen von den holzbalken an der decke. am buffet sind die tröge leer. vorbei an der stromlosen kassa. an den tischen sitzen urlauberleichen, touristen, viele in kurzen hosen, reisende familienstrukturen, eltern, kinder. vor ihnen die leeren schalen der frühstückseier, teller mit schnitzeloder dessertresten oder bedeckt von der einen oder anderen ruhigen wange und dem einen oder anderen halboffenen mund. das arrangierte bild flottiert an ● vorbei wie ein segelboot, eine feluke: wachsfiguren, madame tussaud des naturalistischen. ein mann mit khakifarbener cargohose und einem dunkelroten, ovalen fleck im schritt. er liegt in seinem sessel, mit weit nach hinten gebogenem kopf, gebrochenes genick, gesicht zur decke. ● treibt es in den souvenirshop. dort, vor dem exit, sind die regale halb leer. kleine braune bärchen schmunzeln von schlüsselanhängern. unterhalb von ihnen sehen glänzende menschen mit glänzenden körpern von glänzenden zeitschriften.

Kapitel 3

Christian saß ihm gegenüber, aufrecht, mit einem kerzengeraden Rücken, den er gegen die harte Lehne drückte, und einem großen Bier vor sich, von dem er noch keinen Schluck genommen hatte. Zu essen hatte Christian nichts bestellt. Auch der Sohn blieb nur bei seinem Wasser. Der Kellner ließ sie beide in Ruhe. Zwischen ihnen, in der Tischmitte, stand eine kleine weiße Vase mit leicht verstaubten Seidenblumen, die ihre Blütenköpfe wie besoffen nach allen Seiten hängen ließen. Der Sohn erzählte dem Autor, dass er sein Studium abgebrochen hatte und seither bei einer Consulting-Firma arbeitete.

„Diese Arbeit", sagte er zu Christian, „die ist so stumpfsinnig, dass man verblödet. Da ist nichts Kreatives, gar nichts. Nichts, was einen geistig oder sonst wie fordert. Alles bleibt oberflächlich und leer und falsch. Das fängt bei den Anzug- und Kostümleuten mit ihrem ganzen Berater-Gehabe an, und fortsetzen tut es sich in Teambuilding-Workshops und Wochenendseminaren und Meetings und endet dann irgendwo bei den immer gleichen, langweiligen Telefonaten mit den immer gleichen, langweiligen Klienten, die irgendwelche pauschalen, langweiligen Konzepte vorgestellt bekommen wollen. Alles aufgeblasene, professionelle Geschäftigkeit. Und nicht zu vergessen, ganz wichtig – das *Englische*."

Das letzte Wort hauchte er als Parodie einer mystischen Aura über den Tisch.

„Jeder Mitarbeiter dort verwendet in jedem Satz mindestens drei englische Ausdrücke. Ja, es gibt sogar interne Richtlinien dazu. Unsere Kommunikationsbeauftragte hat gesagt, das erhöht die Wichtigkeit, also die Relevanz dessen, worüber gesprochen wird, und somit das Identifikationspotenzial. Das muss man sich mal vorstellen. Die anglizistischen Verschleierungen sind wirklich überall. Ich behaupte ja, dass 99,9 % von den Klischees, die die Medien, die sogenannten Outsider und die Kritiker über die Consulting-Branche so im Kopf haben, der Wahrheit entsprechen."

Er hielt kurz inne, um zu sehen, ob ihm diese kritischen Bemerkungen Bonuspunkte einbrachten. Christian nickte, was er als Erfolg für sich wertete, und er konnte fortfahren.

„Jetzt schau ich jedenfalls zurück", sagte er, „auf meine kurze Studienzeit – und ich bereue es sehr, dass ich abgebrochen habe. Das Philosophische, das Durchdenken. Dass ich das alles einfach liegen gelassen habe."

Für einen Moment glaubte er sich so etwas wie Skepsis zwischen den Augen des Autors zusammenbrauen zu sehen.

„Blöd nostalgisch", fügte er sofort hinzu, fast wie eine Entschuldigung, und bemühte sich konzentriert, seine Schläfen von Schweiß frei zu halten, „blöd sehnsüchtig klingt das wahrscheinlich. Und ich hatte damals ja auch meine Gründe. Aber jetzt, jetzt denke ich oft, dass mir langsam die Möglichkeiten ausgehen. Nicht nur, weil ich genug habe, von der Arbeit und dem ganzen belanglosen Zeug. Die Umstände mit dem Vater ... das ... wenn einem die Hände gebunden sind. Und man wehrlos ist und nur zuschauen kann. Und da fragt man sich dann ..."

Er stockte. Dann atmete er tief ein und erzählte dem Autor in knapp gehaltenen Sätzen von der Mutter in ihrem großen Haus und vom Vater im Pflegeheim. Der Sohn versuchte, alles objektiv zu schildern, – er versuchte so zu berichten wie der Arzt im Krankenhaus ihm immer per Telefon berichtet hatte. Aber dann kamen doch Sätze aus seinem Mund, die sich dehnten und einander streckten. Er verlor ein wenig das Gefühl für sie, und auch für die Zeit, und so wurde die Atomuhrzeit bald durch sein Erzählen verweht. Irgendwann bemerkte er, dass seine Erzählzeit auch schon längst den Schaumberg in Christians Glas hatte zusammenfallen lassen, ein dünner Smogvorhang aus feinen Blasen, der sich gegen die Innenseite schmiegte, erinnerte noch an ihn. Christian saß unverändert da und hörte zu.

Und er erzählte. Bis ihm schlagartig der letzte Besuch bei der Mutter in den Sinn kam und sich querlegte. Er musste an die verdorbenen Lebensmittel denken. Daraufhin verstrickte er sich in immer länger werdende Pausen, in denen die Stille unangenehm anzuschwellen begann.

„Biografien", sagte der Sohn schließlich hastig, um das Thema zu wechseln, zurück zu etwas Harmlosem, „die lese ich gern. Dafür interessiere ich mich schon seit ... schon seit immer, eigentlich. Besonders für die Biografien von Künstlern und Intellektuellen. Gilles Deleuze zum Beispiel. Seine Lebensgeschichte hab ich erst vor kurzem entdeckt. Er hat sich ja aus dem Fenster seiner Pariser Wohnung im 17. Arrondissement gestürzt, wegen seines körperlichen Verfalls. Wie dieser eine Hamburger Schriftsteller mit dem Gehirntumor, der hat sich auch umgebracht, bevor ..."

Schon war es wieder um die Harmlosigkeit geschehen. Der Sohn wollte sich am liebsten die Zunge abbeißen, zupfte dann aber stattdessen doch nur nervös am V-Ausschnitt seines Pullovers. Er hatte das Bedürfnis, die Situation zu retten, wobei eine Rettung gar nicht notwendig war, nicht einmal möglich – es konnte noch nichts gerettet werden, weil noch nichts verloren gegangen war, nicht einmal ansatzweise. Denn Christian ließ sich keine Verwunderung anmerken, und auch sonst erschien nichts Beunruhigendes auf oder zwischen seinen Pokerfacezeilen. Und trotzdem, oder vielleicht gerade deshalb, beschlich den Sohn das Gefühl, sich in einem seltsamen Bewerbungsgespräch zu befinden, über dessen Ausgang die jeweils nächsten paar Sekunden entscheiden würden.

„Früher hab ich gerne Fußball gespielt", sagte er, ohne das wirklich sagen zu wollen, aber er sagte es, wie um die durchtrainierten, gut ausgebildeten Muskeln seiner Soft Skills herzuzeigen und so den unpassenden Einwurf von vorhin auszubügeln. Und gleich darauf verbesserte er sich: „Ich spiele auch heute noch öfter mit Freunden."

Bei dieser Lüge spürte er seine Handflächen und Fußsohlen feucht und gleichzeitig seltsam schroff werden. Er hatte schon seit Jahren keinen Ball mehr berührt. Und er erinnerte sich ganz kurz und unangenehm an seine „innere Nervenwaagschale", wie er es einmal schon für sich bezeichnet hatte, – worüber er sich nun aber ausschwieg. Er erzählte dem Autor nichts von dieser inneren Waagschale, in die er mittlerweile jede Äußerung eines Gegenübers legte. Er erzählte ihm nichts davon, dass alles, was an sein Ohr drang, von einem Pfeifton sofort befingert, filetiert und gefiltert wurde; nichts davon, dass diese Waagschale dann mit den zerstückelten, fremden Sätzen befüllt wurde; nichts davon, dass der Pfeifton mit Hammer und Amboss kollaborierte und die Bedeutung der geäußerten Wörter in der Waagschale verflüssigte und umschmiedete zu einer Kugel mit Metalligelstacheln; und nichts davon, dass diese Kugel dann im Ohr aus der Waagschale hinaus- und auf Steigbügelhöhe hinaufkletterte und von dort dann hinuntersprang, um ihre Stacheln tief in seinen Rücken und Nacken zu rammen. Er behielt für sich, dass jede Äußerung eines anderen ihm gegenüber, ob zum Wetter, zum geplanten Urlaub oder zum letzten Spiel der Fußballnationalmannschaft, einer fundamentalen und vernichtenden Kritik an ihm selbst gleichkam, die ihm jedes Mal unglaublich weh tat – so weh wie einem nur eine Bestrafung weh tun kann.

Christian nahm einen ersten großen Schluck von seinem Bier. Dann drehte das Glas in seiner Hand mehrere Karussellrunden auf seinem Pappstellplatz.

Der Sohn sah zu, und ihm fiel sein Nachbar ein, Jürgen, der ihm erst unlängst im Treppenhaus begegnet war. Jürgen hatte ihn angesprochen, hatte gesagt, dass er gerade von einem großen Volksfest komme, mit Freunden sei er dort gewesen, und durch den Pfeifton hindurch hatte Jürgen ihn dann gefragt, was er zum Match gegen die Ukraine und zum Ergebnis sage. Er hatte nichts darauf sagen können, kein Wort, gar nichts, und so hatte er nur stumm den Kopf geschüttelt und war in seine Wohnung geflüchtet. Und dort hatte ihn gleich nach dem Eintreten vor dem Garderobenspiegel ein bekannter Verdacht grob am Genick gepackt – *ja, diese Frage, das ist eine subtile Anfeindung von Jürgen gewesen, eine unterschwellige, gehässige, chiffrierte Botschaft.*

„Früher habe ich in einem Fußballverein gespielt", sagte er nun ein wenig geistesabwesend. „In dem Vorort, wo ich aufgewachsen bin. U12, U14, U16, U18."

Für die Länge dieses Ausspruchs und für ein paar der folgenden Momente vergaß er Christian und das Restaurant, denn er musste stattdessen erneut an Jürgen und an die Fußballmatchübetragung denken, die er verpasst hatte. Und sein Körper erinnerte sich an jenes entsetzliche Gefühl, das ihn am selben Tag überkommen war, als er nicht mehr aus seinen Überlegungen herausgefunden hatte – Überlegungen darüber, was Jürgen jetzt von ihm denken könnte, ob er ihn für seltsam hielt, weil er nichts zum Match oder zum Match-Ergebnis hatte sagen können. Etwas, worüber doch jeder eine Meinung haben musste. Er hatte in seiner Wohnung hin und her überlegt, hatte die Begegnung im Treppenhaus wieder und wieder im Kopf durchgespielt, und dann hatte er gedacht: *Jürgen muss das geahnt haben. Der hat geahnt, dass ich das Ergebnis nicht weiß und das Match nicht gesehen habe. Darum hat er mich gefragt. Mit seiner Frage hat er mich selbst in Frage gestellt, absichtlich. Der hat mich testen wollen, mich überführen wollen, mich bloßstellen wollen, als Paradebeispiel für eine lebende Lüge. Das ist der Grund gewesen, und zwar der einzige, warum er mich überhaupt erst gefragt hat. Seine Frage zum Match ist nur dazu da gewesen, um mir das zu beweisen. Die grenzenlose, dumme Lüge, die ich bin, die man mir ansieht, schon von weitem.*

Sein linker Daumen begann leicht zu zittern. Ihm schwindelte. Er griff nach dem Wasserglas, aber sein Griff war nicht weit genug, und beinahe hätte er es mit dem Handrücken umgestoßen, doch Christian fing es auf, sein eben noch schlafender Schlangenarm schoss über den Tisch und schnappte die gläserne Beute, deren durchsichtiges Blut auf der weißen Tischdecke zwei, drei Kleckse hinterließ, Spritzer, die bald verdunsten und sich dann als zwei, drei transparente Cumuluswölkchen heimlich im Luftraum der Raumluft verstecken würden. Der Sohn hoffte jedenfalls, mit Blick in Richtung Christian, dass er nichts Falsches oder nicht zu wenig oder nicht zu viel gesagt hatte. Er hoffte auf einen weiterhin klaren und sturmlosen Restauranthimmel. Der Sohn sagte ein kurzes Danke für die schnelle Auffangreaktion, und ihm blinkte dieses Danke gleich beim Aussprechen als rotes Stoppsignal entgegen. Er merkte, dass er sich nicht mehr reden hören wollte. Er wollte

Zuhörer sein. Es war Zeit für die Spiel-, für die Sprachver-
lagerung.

die beine von ● geben für keinen moment ihre fortschritts-
sucht auf. sie rasten nicht, sie schreiten in der raststation
voran und nehmen den blick mit, der ins leere geht, der sich
nirgendwo verfängt, auch nicht am gestell mit den schoko-
riegeln und kaugummis vor der stromlosen kassa. die bunten
verpackungen bleiben unangetastet, die aufmerksamkeit
von ● wird von ihnen nicht angefacht. bis zur grünen schürze eines dirndlkleids am boden hinter dem kassatresen –
diese fächelt die aufmerksamkeitsglut heiß. ● hinkt heran.
die schürze ist ein grüner fetzen und bedeckt nur teilweise
einen weiblichen körper, auch in fetzen. einen weiblichen
körper mit brünetten, langen, fettig glänzenden haaren, der
noch eine weiße, zerrissene bluse trägt mit hellbraunen,
eingetrockneten schweißflecken am kragen und unter den
achseln. dazwischen befindet sich ein dekolleté-negativ, zwei
blutige gruben statt der beiden wölbungen, den ausgelöffel-
ten frühstückseiern auf den tischen vorher im essbereich
ähnlich, oder wie gesprengte silikonkissen. in diesen gruben
beginnt ● zu wühlen, geierhaft. es macht keinen unterschied,
● macht sich auch über die toten her. diese tote: sie ist nicht
bis nach brasilien, nicht bis an den amazonas, nicht bis nach
mosambik gelangt. sie ist hier verendet, in der raststätte. und
hier hat sie sich bestimmt nicht selbst gefunden, auch nicht
ihr inneres tier und nicht ihre eigene natur. das würde ● spöttisch gedacht haben. ● ist aber nicht dazu fähig, auch nicht
zur schadenfreude. nach der jause, dem leichenschmaus,
verlässt ● die raststätte und überquert in schlangenlinien den
parkplatz, allein, hinkend, zwischen den fahrzeugen, erneut
richtung autobahn, die richtung, aus der ● gekommen ist.

„Weißt du, was das hie*rr* ist?" fragte Christian rhetorisch und bewegte seine Handfläche beschwörend über der Tischplatte ım Kreis. „Das hie*rr*, das ist ein wi*rr*kliche*rr* Glücksfall."

Das r begann langsam in den Hintergrund zu treten und fügte sich, nach einigen Wiederholungen, zu einer überhörbaren Selbstverständlichkeit.

„Ich habe auch früher viel Fußball gespielt, wie du. Im Sturm." Christian machte eine Pause, die künstlich wirkte, aber nicht einstudiert, sondern bedacht und gut getimed. Dann fuhr er fort. „Danke für deine Offenheit. Das sind die schönsten Begegnungen, finde ich. Die so unverhofft daher kommen. Die schreiben sich ein. Nein, nein, bitte – du brauchst jetzt nicht rot werden."

Der Sohn war tatsächlich ein wenig in Verlegenheit geraten, aber diese Bemerkung verzehnfachte sie nun. Er nahm das Glas und schüttelte den letzten Wassertropfen auf seine Zunge.

„Ich liebe ja das Punktuelle und Zufällige", sagte Christian und nahm ebenfalls sein Glas, um langsam daraus zu trinken. Nachdem er es wieder abgestellt hatte, fragte er:

„Aber bevor ich weiterrede: Hatten wir am Telefon nicht eigentlich gesagt, dass wir essen gehen wollten? Willst du gar nichts bestellen?"

Der Sohn lehnte dankend ab, obwohl sein Hunger schon vor einigen Minuten zum ersten Mal leise aufgeheult hatte. Er wollte aber nicht vor Christian essen, denn irgendwie hatte er das Gefühl, beim Umgang mit Messer und Gabel, beim Schneiden und beim In-den-Mund-stecken zu viel von sich preiszugeben, zu viel von sich zu verraten. Etwas, das möglicherweise sofort oder später irgendwann gegen ihn verwendet werden könnte.

„Wie du willst", sagte Christian, „zwingen werde ich dich nicht." Und sein rechtes Auge zwinkerte dem Sohn zu. „Wenn ich es mir recht überlege: Ich glaube, ich verzichte auch, ich hab auch keinen wirklich großen Appetit. Immerhin gut für die Linie." Wieder ein Zwinkern. Der Sohn musste lächeln.

„Also, wo war ich stehen geblieben. Ah, genau, beim Zufälligen. Ja, ich stelle gern zufällige Begegnungsräume her. Zwischenräume, wo unterschiedliche Menschen miteinander in Kontakt treten können. Ich komme ja ursprünglich auch aus der Philosophie wie du und bin Künstlerphilosoph und freiberuflich schreibender Autodidakt. Self-made, kann man sagen. Ja, genau, self-made. Und mein Motto lautet: ‚In Wahrheit heißt etwas wollen, ein Experiment machen, um zu erfahren, was wir können.' Das stammt aus der Feder von Nietzsche. Er ist mir der Allernächste."

Die Kernfamilie ein paar Tische weiter machte sich zum Gehen bereit. Die Mutter zog die Kinderpuppe an, die sich das Herumgeziehe und -gezupfe nach Puppenart gefallen ließ. Der Kellner kam vorbei und drückte dem Vater die Rechnung in die Hand, der nach einem Blick darauf kurz aussah, als ob er einen Seufzer unterdrückte müsste, dann bezahlte er im Stehen mit einem großen Schein.

„Wir müssen unsere Körper zur Gesundheit befreien", sagte Christian. Sein Ton legte an Eindringlichkeit zu. „Ja zum Körper, Ja zum Leben. Man muss lernen, beides uneingeschränkt zu bejahen."

Überzeugend. Aber gut, das kenne ich. Einige Male gehört. Mysti... Und als hätte Christian seine Gedanken gelesen, sagte er: „Das hat nichts mit Esoterik zu tun oder mit irgendeinem aufgewärmten, spirituellen New-Age-Kram. Überhaupt nicht. Davon halte ich wahrscheinlich genauso wenig wie du." Und er ergänzte, dass es wissenschaftlich fundierte Studien dazu gebe, die sich ausführlich damit beschäftigen würden, nämlich mit den Methoden der sogenannten „Körperentpanzerung".

„So nennt sich das, was ich anbiete", sagte Christian. „Für viele hat sich ihr eigenes Potenzial dabei erst so richtig erschlossen. Ihr eigener Kreativitätspool. *Das* verstehe ich unter ‚Möglichkeiten-Multiplikation': Ja sagen, Zukunft schaffen. Ich bin mir sicher, das würde dich auch weiterbringen. Du hast selbst gesagt, dass dir die kleine, banale Consulting-Welt auf die Nerven geht. Dann lass dich auf etwas anderes ein!" Die Satzmelodie machte aufmunternde Bocksprünge über die Vase mit den noch immer nicht nüchternen Seidenblumen.

Christian weiß, wovon er redet, er hat ja recht, was ist schon dabei. Mal ausprobieren. Mal hingehen. Wo und wann die Körperentpanzerungen ... hat er noch nicht verraten. Egal. Kann ihn ja noch fragen. Es sei denn ... wenn er jetzt gleich mit den damit verbundenen Kosten daherkommt ... denn dass er das alles gratis ...

Und wieder war es so, als ob Christian seinen Kopf belauscht hätte:

„Du schaust skeptisch", sagte er, obwohl der Sohn eigentlich keine Veränderungen bei sich in der Mimik oder in den Augen gespürt hatte, „und ich glaube, ich weiß auch, warum. Aber ich kann dir versichern: Es geht hier nicht um einen Geschäftsabschluss. Mir geht es nicht ums Geld, nicht im Geringsten. Diese Sache wird dich keinen Cent kosten, das schwöre ich dir. Mir geht es, und das ist die nächste Ähnlichkeit zwischen uns, mir geht es um Biographien."

Die Stirn des Sohnes wurde heiß und geriet fast ins Nässen, überlegte es sich dann aber doch rechtzeitig anders, oder es blieb ihr dafür einfach auch keine Zeit mehr, denn Christian redete weiter. Davon, dass er besondere Menschen fördern wolle, darüber, dass er ihnen gerne einen Teil ihres Rucksacks abnehmen möchte. Nebenher verließ nun auch das lesbische Pärchen seinen Platz, die beiden Frauen trugen ihre schwarzen, pinken und besternten Buttons hintereinander zum Ausgang, die erste machte einen regen Bogen um den Mann mit dem Wischmopp und dessen Eimer, während die zweite durch ein Fenster auf die Straße hinaus schaute, wo wahrscheinlich gerade ihre Straßenbahn vorbeifuhr, die sie wohl noch erwischen wollte, sie machte jedenfalls einen schnellen Schritt, direkt auf eine gerade eben frisch gewischte Stelle, rutschte nach vorn, verlor den Halt unter den Füßen und das Gleichgewicht, aber der Mann mit dem Wischmopp reagierte schnell, er fing sie auf und hielt sie fest in seinem Arm. Dabei fiel ihm der Stiel aus der Hand und klackerte zu Boden, an den sich auch schon die durchnässten, dicken Baumwollspaghettis der grauen Dreadlockperücke mit Sidecut klammerten. Die Frau löste sich aus seinem Arm, hob zwar die Moppstange nicht auf, bedankte sich aber trotzdem artig bei ihm, denn sie verzieh dem Mann, der ihr geholfen hatte, und war ihm anscheinend nicht weiter böse, dass er ein Mann war.

Christian und der Sohn, die beide hingesehen hatten, wandten ihre Gesichter wieder einander zu.

„In Richtung ‚Körperentpanzerung' gibt es mittlerweile einiges", setzte Christian fort und verzichtete auf jede Nahtstelle in seinem Sprechen. „Ich für meinen Teil arbeite transdisziplinär mit einer Kombination aus theoretischen Fragestellungen und praktischen Körperübungen besonders im Bereich Selbstdarstellung. Die Körperübungen habe ich eigens entwickelt und verfeinert. Ich stimme sie dann auch

ganz individuell auf die jeweilige Person und ihre Bedürf-
nisse ab. Man muss sich darauf einlassen. Und sich führen
lassen. Aber weißt du was?", sagte Christian und klatschte
seine Handflächen auf das Tischtuch. „Das können wi*rr*
alles noch genaue*rr* und im Detail besp*rr*echen."

Das r hatte sich nun wieder nach vorne gedrängt, von
ganz hinten in die vorderste Reihe, dort setzte es sich breitbeinig hin und wurde erneut unüberhörbar.

„Am besten dann gleich auch mit Julia", sagte Christian,
„das ist meine F*rr*au. *Julia* Unzeitig. Habe ich mich überhaupt schon mit vollem Namen vo*rr*gestellt? Na ja, jetzt
kennst du ihn ja. Wie dem auch sei: Mit Julia habe ich die
ve*rr*schiedenen Techniken e*rr*arbeitet und e*rr*probt. Ap*rr*o-
pos", sagte er und blickte auf seine schwarze, digitale Armbanduhr, die mittels Strichcode, den der Sohn nicht zu lesen wusste, die Zeit und das heutige Datum anzeigte, „ich
muss mich jetzt b*rr*emsen, es ist ja schon fast 18 Uh*rr*, und
ich bin mit Julia ve*rr*ab*rr*edet, sie wa*rr*tet in unse*rr*em Atelie*rr* auf mich. Nimm di*rr* Zeit, überleg es di*rr*. Du kannst
di*rr* so viel Zeit nehmen, wie du willst. Und wenn du dich
entschieden hast, *rr*ufst du mich wiede*rr* an, die Numme*rr*
hast du ja. Dann kannst du ge*rr*ne in unse*rr*em Atelie*rr* vo*rr*-
beikommen, ganz unve*rr*bindlich. Ich we*rr*de di*rr* dann Julia vo*rr*stellen. Du wi*rr*st ih*rr* siche*rr* gefallen. Sie wa*rr* mal
Schauspiele*rr*in, f*rr*ühe*rr*."

auf der straße unterwegs, untertags. schwarze blutkörper-
chen haben sich in den kaputten gefäßen von ● abgelagert,
sie kleiden ihre wände aus wie teflon, eine zweite mitter-
nachtsschwarze innenhaut, ein ganzkörperinnenkostüm,
ein pechschwarzes body suit unter der epidermis. horn-
schicht, körnerzellenschicht, stachelzellschicht, basalschicht

sind dünner geworden seit dem verlassen der wohnung. aus der enzyklopädie des körpers fallen immer mehr wörter, verwahrlosen und gehen verloren. vorher noch widerständig ist die haut jetzt abgenutzt und sonnendurchlässig, seidenpapier fast unter dem t-shirt, ohne regeneration. sie bildet keine neuen zellen, sie wird nicht repariert. es ist ein absterben, und es scheint irreversibel. wie schmetterlingsflügel knistert die haut bei leichtem wind an den unterarmen, ungerührt. weil, man büßt irgendwann jede schützende hülle ein, siehe ●, dessen körper auf dem weg dahin ist. ein klarer hochsommertag, anfang oder mitte august, dann die nacht, durchwegs tropisch. dann wetterleuchten in der ferne, das sich rasch nähert, donnernde ankündigung, eine gewitterzelle. warmer regen fällt, und die tropfen sind so dick und schwer, dass sie wie kleine bomben und granaten vor und neben und hinter ● einschlagen, und auf ●, auf der unempfindlichen, zarten hautoberfläche, die sie an zahlreichen stellen bersten lassen. die tropfen hinterlassen minikrater, ein nasses schlachtfeld. der krieg findet auf membranebene statt, ohne feind und ohne rezeptor-aktivierung, nur die sanfte sommerregenartillerie und ihre ruhigen treffer, die durch das gewand und durch dermis und subkutis dringen und muskeln und fleisch darunter zernadeln. kein zurückzucken vor der durchsichtigen tinte. kein sichwinden. kein hastiges sich-irgendwo-unterstellen seitens ●. hoch über dem schädel von ● die gewittermaschine, wie sie ihre naturgesetzlichkeit meteorologisch vom himmel schleudert, die sich der erde und dem erdenkörper aufzwingt ähnlich einem meteoritenschauer der luftleeren landschaft des mondes.

Der Nachhauseweg des Sohnes unter den ruhig leuchtenden Straßenlaternen war durchblitzt von stroboskopischen

Gedankenseilsprüngen, in deren Auf und Ab und Hin und
Her die Begegnung im Restaurant mit veränderter Geschwindigkeit und Zusammensetzung noch einmal herum-
zuckte. Was sie einander im Detail erzählt hatten, wurde
nicht gegenwärtig, aber in ihm breitete sich das behagliche
Gefühl aus, mit dem heutigen Gespräch eine Fahrkarte gelöst zu haben, die ihn zu einem verloren geglaubten Sinn
zurückbringen würde. Wie dieser Sinn aussehen mochte,
wusste er nicht mehr zu sagen – er war nun schon zu lange von ihm getrennt. *Einfach ein Glücksfall, hat Christian
gesagt. Einfach ein Glücksfall. Und ihn als Glücksfall anneh-
men. Sehen, was kommt.* Die Fassaden der Häuser wirkten
weich und zugänglich wie Hüpfburgen, während er an ihnen entlang zur Straßenbahnhaltestelle ging. Dort musste
er kurz warten, die Straßenbahn kam, er stieg ein, setzte
sich, es gab genug freie Plätze, und da steigerte sich das
summende Grillenzirpen in seinem linken Ohr, unbarm-
herzig kletterte es die Lautstärkenleiter hoch, Stufe um
Stufe, neben ihm ein schreiendes Baby in einem Kinderwa-
gen, und das Geräusch grenzte bald an das Fauchen eines
Flugzeugtriebwerks, an das Rauschen eines Wasserkraft-
werks, und darunter mischte sich das mauerndurchdrin-
gende flatline-Geräusch eines Elektroenzephalogramms:
――――――――――――――――. Es führte ANGST an der Hand
mit sich, die nun behände aufstieg, vom Sonnengeflecht
nach oben, und er versuchte sie zurückzudrängen, ruhig
zu atmen, um sie wenigstens von Groß- auf Kleinbuchsta-
ben herunterzubrechen. *angst.* Es half nichts. Sie steckte
bereits tief im Gebälk seiner Kehle und verwinkelte sich
dort in alle Ecken und Enden.

Kapitel 4

die beine von ●, sie stecken fest, zwei wurzeln im morast,
und äste die arme, und stamm der körper. pause. wie schlaf,
wie traum, wie gerinnung. die braune schlammgerinnung
des sumpfigen bodens, in dem die beine nun schmatzend
haften bleiben, es ist treibschlamm, unweit der autobahn.
das innere des körpers beinhaltet wenig blut. zentiliter sind
ausgelaufen, nach dem fade-out des angriffs von oben, der
regengüsse, ihren schüssen. das fleischgefäß ist zerschos-
sen und rindenlos an vielen stellen, muskelmaterie liegt
frei. und trotzdem: ● bleibt ein unruheherd, ein mobiles
terrain, die hyperkinese eines verwesenden mit neigungen
und biegungen zur seite, nach vorne, hinten, wieder zur
seite, schräg, zur seite und zurück und zurück, betrunke-
nes rudern durch die luft. kein lösungsansatz, kein befrei-
ungsansatz zu einem erneuten hinein oder zurück in das
gebiet, in die kulisse, die den körper ganz real mit schall-
schutzwänden und bäumen und pannenstreifen rahmt. ganz
real, so maßlos real, dass nicht mehr geht. realität, hinter
der die nächste, haargenau die gleiche realität wartet. ein-
eiige realitätszwillinge, drillinge, klone.

Der Sohn rannte mit dem Schlüssel in der linken Hand
zur Haustür. Er brauchte ihn nicht ins Schloss zu stecken,
eine bekannte störrische Bodenfliese hielt ihm die Tür auf,
er lief die Stufen nach oben, Mezzanin, 1. Stock, 2. Stock,
in den 3. Stock. Aufsperren, er fiel hinein in den Vorraum,
der Länge nach. Dort hockte er sich, keuchend und noch
in der Jacke und den Schuhen, auf den Parkettboden, die

Arme auf den Knien, zwischen die er den Kopf klemmte. Herzrasen. Kopfrasen. Verstauchtes Atmen. Und das hochfrequente, flimmernde Kraftwerk in seinem Gehörgang. *Hilfe. Hilfe.* Er quälte sich schließlich mühsam hoch und ging ins Schlafzimmer. Dort öffnete er die obere Schublade des Nachtkästchens und warf alles, was er fand, achtlos hinter sich auf den Boden, ein Buch (Jean Baudrillard, „Warum ist nicht alles schon verschwunden?"), gebrauchte Taschentücher, Ohropax, zwei alte Zeitungsausschnitte (eine Besprechung des Buches „Kontaminierte Landschaften" und ein Artikel mit der übergroßen Überschrift „Massenkarambolage: 20 Schwerverletzte"). Er wühlte weiter, aber mehr war dort nicht. *Es muss da noch etwas sein, ich weiß es, dass da noch etwas sein muss, wo ist es hin, wo ist es, das kleine, silberne Stück aus Metall ... habe ich das nur geträumt oder in einem Film gesehen, nein, dieses Stück aus Metall, das liegt doch in jeder Nachtkästchenschublade, warum dann nicht mehr in meiner, dieses Stück aus Metall, das hat doch jeder in seiner Schublade neben dem Bett, das kann nicht sein, dass es gerade in meiner Schublade nicht ist, dieses Stück, diese geladene, kleinkalibrige, silberne Waffe, so eine gehört doch in jeden vernünftigen Haushalt, nicht nur in jeden amerikanischen ... sie ist nicht da, dabei war ich mir sicher ... nein, sie ist nicht da, warum ... es gibt sie nicht, sie ist nicht da ... ich kann nichts machen. Ich kann mich nur wieder hinhocken, hierhin auf den Teppich. Ich kann nicht mehr.*

irgendwann führt ● im schlammloch die rechte hand zum mund. die linke hand ist begnadigt. vielleicht, weil sie ohnehin bereits unvollständig ist, vielleicht aber auch, weil das linkshändigsein überlebt hat: die bevorzugung des linkshändigen, die gewohnheit seit der kindheit an das gefühlvollere in der linken hand, wenn sie den bleistift gehalten oder den kugelschreiberkopf über einem blatt entleert hat. was sonst noch überlebt haben könnte im körper außer dem körper, kann nicht gesagt werden. ● führt die vollständige rechte hand zum mund, über sie wird recht gesprochen, nicht aus hunger, sondern aus einem anderen bedürfnis heraus, aus einem trieb, einem todestrieb heraus, einem todestrieb, der bestand haben will, der weiterfressen will. fingerkuppen, fingerfleisch, handfläche, lebenslinie, sehnen, nerven, knochen und mark, alles wird zerbissen, zerkaut und geschluckt. durch das krähenloch in der bauchdecke fallen die stücke wieder heraus und vor ● auf den boden. wie kleingeld bei einem kaputten zigarettenautomaten fallen sie durch. ● beugt sich nach vorn, mit den mittelfinger- und zeigefingerstummeln der linken hand, nach dem tastend, was auch gerade erst noch finger gewesen sind, die finger der rechten, nun fleischklumpen. ● hebt die klumpen auf, um sie noch einmal in den mund zu stecken. dabei geht trockene erde mit, denn die linke hand gräbt beim greifen auch den boden auf. ewige wiederkehr des selben, identischer kreislauf: erde mit körperstücken aufnehmen, kauen, schlucken, es fällt durch und aus dem körper heraus, erde mit körperstücken aufnehmen, kauen, schlucken. erde essen, erdmündung, und das mündet am ende in ein sich-aus-dem-schlammloch-fressen. entkommen ohne entkommen, ohne flucht. bloßes weiter.

Die Vibrationen seines Smartphones und das gedämpfte Klingeln ließen ihn aufschrecken. Neben ihm malte die Vormittagssonne ein Trapez auf den Boden. Seine Glieder schmerzten, und sein Nacken fühlte sich an, als hätte er wie eine Karyatide die Milchstraße mitsamt ihren schlingernden

Tentakelausläufern auf dem Kopf zu balancieren versucht. Der Sohn war auf dem Schlafzimmerparkett in einen langen Halbschlaf geraten. Er hatte von einem Tornado in Texas geträumt, der von einem Schmetterlingsflügelschlag in Brasilien ausgelöst worden war. Er hatte von Fernsehbildern geträumt, auf CNN, einen Sender, den er zwar empfangen konnte, aber noch kein einziges Mal laufen gelassen hatte, von einem Bericht über die Schneise der Verwüstung, die der Tornado hinterlassen hatte, über die zerstörten Häuser mit den eingestürzten Dächern und die geknickten Strom- und Telefonmasten, und über die obdachlos gewordenen Familien auf ihren Schlafsäcken und Isomatten in den Turnhallen von Schulen dort in den Südstaaten, in Mississippi, Tennessee oder Alabama. Dann war der Sender automatisch auf eine Tierdokumentation gesprungen, in der eine Raupe in Schweden sich zu verpuppen begonnen und in Zeitraffer ihr Kokon gesponnen hatte, bis sie hinter der weißgrauen Hülle vollständig verschwunden war. Und er hatte geträumt, dass er in dem Augenblick, als dieses Werk getan und die Metamorphose des Tiers durch dessen Ruhestellung eingeleitet worden war, den Blick vom Fernseher gelöst und sich im Haus der Mutter wiedergefunden hatte, wo diese in einer Art künstlichen Tiefschlaf von der Decke gehangen war, verkehrt herum, mit dem Kopf nach unten, mumienhaft eingesäumt in weiche Gaze, aus der sie sich dann herausgearbeitet hatte, mit ellenlangen, dünnen Fingern. Und als das Loch groß genug für ihren Leib gewesen war, hatte sie sich abgeseilt, geschickt wie eine Turnerin, sie war sicher auf beiden Beinen gelandet, und dann hatte sie ihm ins Gesicht geschaut und seinen Namen gesagt und erstaunt gefragt, was denn passiert sei, und er hatte sie in die Arme geschlossen. Da war er sich plötzlich nicht mehr sicher gewesen, ob es die Mutter war, die er an sich gedrückt hatte, oder der Vater. Und er hatte sich sagen hören: „Da sind Wölfe im Haus. Die wollen mich nicht nach draußen lassen." Über seine oder ihre Schulter war der alte, braune Röhrenfernseher mit Antenne weiterhin an gewesen, hatte lauter zu lärmen begonnen, und Nachrichtenbilder waren von einer Szene aus „Das Schweigen der Lämmer" abgelöst worden, nämlich die mit dem Psychopathen, in seinem Keller an der Nähmaschine sitzend, sich aus der Haut seiner Opfer eine zweite Haut schneidernd, weil er aus seiner Haut herausgewollt hatte, während in einem anderen Raum seines Hauses die von ihm gezüchteten und liebevoll aufgezogenen Schmetterlingsraupen in ihren Kokons geschlafen hatten, und zwischen ihnen die Mutter, auf einer fasernackten Matratze liegend. „Er häutet seine Miezen ab", hatte Jodie Foster in ihrer deutschen Synchronstimme im Hintergrund gesagt.

Er stopfte seine rechte Hand in die Hosentasche und zog das Smartphone umständlich heraus. Es vibrierte und klingelte hartnäckig in einem fort. Er drückte den grünen Knopf, ohne auf den Namen des Anrufers zu achten. In das mittlerweile wieder gedämpfte Grillenzirpen seines linken Ohrs schob sich eine bekannte Arztstimme, die ihm streng und mit Nachdruck, aber um Sachlichkeit bemüht erklärte, dass es Probleme mit seinem Vater gebe und er doch bitte hinkommen solle zum Pflegeheim. Er antwortete, worauf die Arztstimme verneinte und sagte, am Telefon ließe sich das nicht besprechen, er müsse sich selbst ein Bild davon machen, wie es um den Vater stehe, auch stehe sein Name seit seinen letzten Besuchen ganz oben auf der Liste mit den zu kontaktierenden Angehörigen. Die Person an zweiter Stelle auf dieser Liste sei nicht erreichbar. Man habe es mehrmals bei ihr probiert, an verschiedenen Tagen, zu verschiedenen Uhrzeiten. Als ob es sich um eine falsche Nummer handeln würde, sagte die Stimme, eine nicht vergebene oder nicht mehr existente. Der Sohn presste nur ein „Okay" hervor und dass er kommen würde. Er steckte das Smartphone in die Hosentasche, erhob sich langsam in einen aufrechten Stand und machte sich auf den Weg zur Schnellbahn. Zu jener, die ihn hinaus an den Stadtrand bringen sollte. Möglichst rasch. *Was ist los? Was ist mit ihm, und was ist mit ihr? Es wird irgendetwas mit ihrem Handy sein. Irgendetwas mit dem Handy. Ein Funktionsfehler. Mit dem Handy, sicher. Ganz bestimmt. Damit wird irgendetwas sein.*

befreit aus dem erdloch, fortsetzung folgt, das asphalttrotten. ausfahrt, abgang, von der autobahn auf eine landstraße. dann das erreichen eines ortsschildes, stadtrand, einzugsgebiet, kleine schilder in neonpink, neongrün, neongelb, von regen gewellt und mit blasen, eine beschriftete warnwesten-allee, deren festliche ankündigungen ● nicht wahrnimmt. dreistöckige miethäuser nahe der straße. dahinter liegt ein fußballfeld, eingezäunt, weiter dahinter liegen drei tennisplätze, auch eingezäunt. ein freibad liegt rechts von ●. daneben fließt ein bach, über den eine brücke führt. vor der brücke ist eine tankstelle, am ufer gegenüber steht ein feuerwehrhaus, daneben ein supermarkt. noch einmal daneben eine bahnstation, dazwischen eingequetscht eine skateboardrampe. ● wendet sich nach links und schwankt zwischen den miethäusern auf das spielfeld zu.

„Ja, hallo", fragte die Mutter tonlos durch die geschlossene Haustür, „wer ist da."

„Gott sei Dank", sagte er atemlos. „Ist alles in Ordnung? Ich bin es. Mach auf."

„Was ist passiert." Die Stimme hob sich am Satzende nicht zu einem Fragezeichen, sie blieb matt.

„Was passiert ist? Was passiert ist. Mach bitte die Tür auf", herrschte er sie nach drinnen an. „Hast du dein Handy nicht gehört? Ich hab dich auf dem Weg hierher bestimmt zehnmal angerufen. Und die Türklingel, die funktioniert auch nicht. Ich klopfe schon seit Minuten wie verrückt."

„Ich ... Um was geht's denn", fragte es durch das Holz.

„Was ... Machst du jetzt bitte die Tür auf?"

„Gut, dann ... Warte kurz."

Er hörte Schritte hinter der Tür, sie entfernten sich, stoppten, näherten sich wieder, zögerten, und er wollte sich schon fast gegen das Holz werfen. Er beherrschte sich. Endlich klackte das Schloss.

Die Mutter stand in einem algengrünen Frottee-Bademantel vor ihm. Sie sah abgespannt aus.

„Komm rein", sagte sie.

„Was soll denn das?", sagte er beim Eintreten. „Jagst mir da einen Schrecken ein. Ist alles in Ordnung? Warum hast du so lange gebraucht?"

„Bist du im Stress", fragte sie.

„Nein."

Im Vorzimmer zog er Jacke und Schuhe aus und setzte sich dann drinnen an den runden Wohnzimmertisch. Seine Socken konkurrierten darunter darum, wer von ihnen abgestandener roch. Die Mutter hatte die Haustür geschlossen und war ihm gefolgt. Nun lehnte sie im Türrahmen zwischen Wohnzimmer und Küche. *Ob sie weiß, dass das bei einem Erdbeben einer der sicheren Orte ist im Haus?*

„Entschuldige", sagte die Mutter. „Ich steh ein wenig neben

mir. Hab gerade noch ein bisschen geschlafen. Oder gedöst. So richtig schlafen kann ich zurzeit nicht."

„Der Arzt hat mich angerufen", sagte er, „aus dem Pflegeheim. Dr. Huemer, oder wie der heißt. Er hat gesagt, dass man dich nicht erreichen kann ..."

„Ja, ich weiß", sagte sie, „ich bin nicht erreichbar. Den Akku und die SIM-Karte hab ich gemeinsam entsorgt, in einer Mülltonne gleich um die Ecke. Zusammen mit dem Restmüll, geb ich zu. Das war sicher nicht richtig, aber ich habe nicht gewusst, wo die Sammelstelle für ..."

„Du hast ... was? Warum?", sagte der Sohn. Er schaute dümmlich. Die Mutter verschränkte ihre Arme vor der frotteebedeckten Brust, und ihre Haltung versteifte sich.

„Weil ich niemanden mehr hören oder sehen wollte", sagte sie dann, „ganz einfach. Es war genug. Und es ist nach wie vor genug."

„Du tust so, als ob dich täglich tausende Leute anrufen würden."

„Ich bin erschöpft", sagte sie, und ihre Stimme bekam einen gefährlich hohlen Unterton. „Wie oft soll ich das noch sagen. Ich hab gewusst, ich brauche Ruhe. Ich hab gewusst, ja, jetzt ist es soweit, jetzt musst du dir auf irgendeine Weise wirkliche Ruhe verschaffen. Auf irgendeine Weise. Aus diesem Grund hab ich am selben Tag dann auch noch die Türklingel abgestellt. Ja, und das war ganz leicht. Man braucht nur ..."

Der Sohn merkte, dass er nicht mehr länger zuhören konnte. Seine Ungeduld, die ihm schon öfter „das Leben schwer gemacht" hatte, was er pseudodiagnostisch von verschiedenen Seiten in unregelmäßigen Abständen zu hören bekam, fiel auch jetzt mit der Tür ins Haus.

„Wie gesagt", unterbrach er die Mutter laut, „dieser Dr.

Huemer hat mich angerufen. Es gibt Probleme mit ihm. Genaueres weiß ich nicht, er wollte mir am Telefon nicht mehr sagen. Jedenfalls möchte ich, dass du mit mir hinfährst."

Pause. Die Gesichtszüge der Mutter verhärteten sich.

„Er will nicht, dass wir dort auftauchen", antwortete sie. Der gefährlich hohle Unterton von vorhin war nun gefährlich nachdrücklich, dunkelblau und eisern. „Du willst es nicht verstehen, oder? Er wollte schon nicht, dass wir ihn im Krankenhaus besuchen. Glaubst du, er will es jetzt, wo er in diesem Heim ...?"

„Vergiss doch endlich dieses Verbot und was er will oder nicht will", sagte er streng. „Wenn du ihn siehst, wirst du sofort wissen, dass das alles nicht mehr existiert."

„Wieso weißt du das so genau?", fragte sie.

Pause. Er schluckte. *Sie kennt die Antwort. Sie hat es gewusst. Sie hat mich belauert. Sie hat mich belauert, und ich bin ihr in die Falle gegangen.*

„Weil ich schon dort gewesen bin", sagte er ruhig. Ungeduld und Strenge waren verflogen. „Ich habe ihn besucht. Mehrmals. Das erste Mal, als es mit dem *finalen Vergessen* angefangen hat." Kaum hatte er die beiden Worte des Arztes ausgesprochen und beim Aussprechen wie seine eigenen behandelt, fühlte er sich zum zweiten Mal von der Mutter ertappt, und die schüttelte auch wie zur Bestätigung („Nein, das sind nicht *deine* Worte") den Kopf.

„Er hat nach mir gerufen, verstehst du. So hat es mir dieser Dr. Huemer am Telefon gesagt. Er hat nach mir gefragt. Wärst du da nicht hingefahren? Ich bin hingefahren. Er hat mich aber nicht erkannt."

Die Stille hing wie ein schwerer Brokatbaldachin schief unter der Decke.

„Du warst also dort", sagte die Mutter, ohne ihn anzusehen.

„Ja."

„Und du hast ihn gesehen", sagte sie.

„Ja."

Es folgte eine lange Pause, in der sie sich mit dem Rücken gegen die Innenseite des Türrahmens lehnte.

„Es tut mir leid", sagte er.

Noch eine Pause, die aber dem Sohn bereits etwas zu dramatisch war und daher erneut seine Ungeduld anstachelte.

„Hörst du?", sagte er. „Es tut mir leid. Aber was hätte ich denn tun sollen?"

Und die Mutter sagte sehr langsam und leise und aschgrau und abgewandt: „Wir hatten – beschlossen – dass wir – seinen Wunsch – respektieren."

„Du hast recht", sagte er vorsichtig. „Es tut mir leid. Aber, verstehst du, die Lage ist jetzt anders. Er hat seine Wünsche geändert. Durch die Krankheit."

Ihn fröstelte. Die Feuertür des Kachelofens in der Ecke begähnte starr das Zimmer. Die Mutter blieb ungerührt, sie legte nicht nach, verharrte still im Türrahmen. *Etwas stimmt hier nicht. Sie hält sich bedeckt. Warum? Warum hält sie sich bedeckt? Will sie es mir mit Schweigen heimzahlen, dass ich ihn besucht und es vor ihr verschwiegen habe? Oder ist es etwas anderes? Aus welchem Grund hält sie sich bedeckt? Sie hält etwas zurück vor mir, etwas, das mit ihm zu tun hat. Irgendetwas ist da. Ist das eine Bestrafung? Warum diese sture Weigerung? Was? Was? Warum hält sie sich bedeckt? Nein. Sie ist wahrscheinlich nur ... Aber waru... Abbrechen,* dachte er gegen sich selbst. *Abbrechen.* Dann sprach er schnell gegen die Stille:

„Vor kurzem habe ich einen kleinen Artikel gelesen", sagte er, „in der Zeitung." Er sprach von „der Zeitung", weil er wusste, dass die Mutter nur eine bestimmte Zeitung las, die sie auch abonniert hatte, was der Grund war, warum es für sie auf der Welt nur diese eine Zeitung gab.

„Es ging um einen Mann", setzte er fort, „der hat beim Einkaufen in einem Supermarkt in Rostow am Don, das liegt in Südrussland ... Also dieser Mann beginnt sich mit einem anderen Kunden zu unterhalten, die beiden führen ein angeregtes Gespräch, zwischen Stolichnaya und Tiefkühlkaviar oder auf dem Weg zur Kassa, ich weiß es nicht, ich fantasiere etwas dazu ... Jedenfalls taucht auf irgendwelchen Umwegen – warum genau, steht nicht in dem Artikel – auf Umwegen taucht jedenfalls dann der Philosoph Kant in ihrer Unterhaltung auf. Kant, und natürlich mit dem kategorischen Imperativ im Schlepptau. Und sie beginnen darüber zu debattieren, und die Debatte wird immer heftiger und lauter und artet schließlich in einen handfesten Streit aus über diesen kategorischen Imperativ, und da greift der eine Russe in seine Manteltasche und rammt dem anderen Russen mitten im Supermarkt, am hellichten Tag, ein zwanzig Zentimeter langes Messer in den Bauch. ‚Um seine Argumente zu untermauern', wie es in dem Artikel heißt."

Die Mutter antwortete nicht. Dann aber drehte sich ihr Gesicht zu ihm. Darauf lag ein zweites, fremdes Gesicht, in dem sich nichts regte außer vielleicht eine Art Missbilligung, die er bisher an ihr nicht gekannt hatte. Der Sohn hörte das Brechen von Wellen in der Baldachinstille des Zimmers, Gischtkronen, die sich zischend in seinem linken Ohr kräuselten.

„Ich versteh kein Wort", sagte die Mutter dann. „Was soll das? Was meinst du mit dem Ganzen?"

Sein Mund war bereits halb geöffnet, aber die Antwort ließ auf sich warten. Und sie ließ weiter auf sich warten. Denn er hatte nicht mehr die blasseste Ahnung, was er der Mutter mit seiner Geschichte ursprünglich hatte sagen wollen. Er wusste nur noch, dass sie ein Bild hätte sein sollen, eine Veranschaulichung, eine kluge Allegorie dessen, was er in der Situation mit dem Vater und ihr empfand. Jetzt allerdings, da die Geschichte von den beiden Russen im Supermarkt erzählt war, kam ihm dieser Stellvertreter unzugänglich und fremd vor, so fremd wie das zweite Gesicht der Mutter eben. *Für was soll das Messer stehen, und für was der kategorische Imperativ? Was wollte ich mit dem philosophischen Mord sagen?* Was wollte ich ihr damit sagen? Es war, als ob die beiden Russen und die Gegenstände und die Motive aus dem journalistischen Artikel sich zusammengetan hätten und sich auf einmal weigern würden, für etwas anderes zu stehen als für sich selbst. Er hobelte hilf- und ratlos über die kratzigen Bartstoppeln an der rechten Wange. Jeder mögliche Bezug und jede zusammenhängende Parallele, die ihm einfiel, hinkte plötzlich. Und der Sohn ärgerte sich insgeheim darüber, denn er sah darin den Vater am Werk: Als hätte dieser den Russen, den Gegenständen und ihrer Ordnung verboten, ihn in seiner Unordnung zu verkörpern. Als spottete der Vater jeglicher Analogie, als bestünde er auf seiner unverletzlichen, unvergleichbaren Originalität. Oder als hätte er diese Rolle seiner Verkörperung bereits jemand zugedacht. Eine Rolle, die diesen Jemand von Beginn an dazu verdammen würde, sie stets nur unzureichend und minderwertig verkörpern zu können. *Wer? Wer soll das sein? Wen betrifft das? Mich etwa?*

Die Mutter sah ihm in die Augen. „Und?"

„Eigentlich nur, dass es nicht funktioniert hat", sagte er dann, um irgendetwas zu sagen. „Sein Verbot, meine ich. Er hat es uns aufgezwungen. Dann hat es sich aufgelöst. Jetzt ist es weg."

„Und", sagte die Mutter und blickte zur Seite.

Pause. Sein Ohr zischte schrill auf.

Nach einer Weile hörte er sie dann sagen „Ich muss mich umziehen", bevor sie im Nebenzimmer verschwand.

der zaun um den fußballfeldrasen ist mit transparenten von sponsoren behängt. der körper eines anderen, ein ehemaliger spieler oder ehemaliger zuschauer, hängt auch dort, festgehalten von einem fremdgegangenen stück maschendraht, das in seine leiste führt, ihn nicht los lässt, ein rostiger widerhaken. der körper des anderen schwankt zur einen seite, vom spielfeld weg, zieht dann zur anderen seite, zu den blassen kalkmarkierungen, schwankt dann wieder zurück, zum fluss. ● drängt den körper, spiegelbild des anderen körpers, am körper des anderen vorbei durch das zaunloch. ● quert das feld zur seitenlinie gegenüber. dort steht das vereinsgebäude. ● kann es nicht betreten, geschlossene türen. durch ein fenster blinkt ein dartautomat, im roten stierauge der schwarzen scheibe stecken drei blaue pfeile. auf einem barhocker sitzt jemand, vornüber gelehnt, allein, mit der stirn auf den händen, mit den händen auf dem tresen, daneben ein übervoller aschenbecher. der jemand ist ohne beine, vom rumpf aufwärts getunkt in verwesung. eine stereoanlage hinter der bar, sie funktioniert, sie loopt einen refrain, der seine runden durch das gastfreundliche, verqualmte stübchen und durch das auf dem tresen eingeschläferte oberstübchen zieht, als ob siege, niederlagen oder ungerechte unentschieden nach wie vor möglich wären. ● verlässt das grüne gelände. der körper hört glasklirren vom dorfplatz her.

Kapitel 5

Er saß hinter dem Lenkrad im Auto der Mutter, einem alten, schwarzen Peugeot, sie neben ihm auf dem Beifahrersitz. Die Anspannung des Sohnes wurde in diesem Faradaykäfig nach jeder Kurve größer. Er hätte das Autoradio gerne aufgedreht, aber er wusste, dass die Mutter Musik beim Autofahren nicht leiden konnte. *Eigentlich kann sie gar keine Musik leiden, sie besitzt keine einzige CD, nicht einmal ein altes UKW-Radio. Wobei* – Einordnen in die nächste Abbiegespur – *das stimmt so eigentlich auch nicht.* Er glaubte sich zu erinnern, dasser sie früher öfter in der Küche hatte pfeifen hören, beim Kochen, so leise allerdings, dass es fast nach einem Hauchen oder Säuseln geklungen hatte. Aber selbst dieses Säuseln war dann eines Tages von ihren schmalen Lippen verschwunden. Und der Vater ... *Hat er dich damals vielleicht dazu gebracht, damit aufzuhören. Möglich. Möglich, dass er immer wieder zu dir gesagt hat: Hör gefälligst auf damit, ich kann diesen Lärm nicht ertragen. Ja, das könnte ich mir gut vorstellen. Dass er dir zugesetzt hat, in einer seiner schlechten Launen. Wenn ihm wieder mal ein Kunde durch die Lappen gegangen ist vielleicht. Er hat für Ablenkungen nie etwas übrig gehabt.*

Im Gegensatz zum Sohn, dessen Finger die sonnengewärmte Lederhaut des Lenkrads abtrommelten, saß die Mutter ruhig und wie leicht angestorben auf dem Beifahrersitz. Nach der ungeregelten Kreuzung, die wegen der häufigen Unfälle aus dem Verkehrsfunk allgemein bekannt war, begann er mit dem Wenn-dann-Spiel, seiner Wunschmaschine. Er hatte es schon seit längerem nicht mehr gespielt.

Früher, vor allem während der Schulzeit, hatte er sich regelmäßig auf ihre Ergebnisse verlassen. Vor Schularbeiten, vor Tests, vor Gesprächen mit Mädchen und so weiter. Beim Wenn-dann-Spiel galt es, sich zuallererst etwas zu wünschen. Danach musste man sich in seiner Umgebung ein mit dem Wunsch eigentlich überhaupt nicht in Verbindung stehendes Verhältnis, eine Konstellation oder einen Zustand suchen, wo möglicherweise gerade etwas dabei war, sich zu ändern. Man musste entscheiden, ob man glaubte, dass sich der Zustand wirklich ändern oder dass er beim Alten bleiben würde. Und daraufhin musste man nur warten. Wenn man mit seiner Entscheidung am Ende richtig lag, dann durfte man davon ausgehen, dass sich in naher Zukunft auch das andere erfüllen würde, was man sich anfangs gewünscht hatte. *Wenn* die nächste grüne Ampel in den nächsten drei Sekunden zu blinken beginnt, auf gelb und rot springt und er anhalten muss, *dann* wird mit dem Vater alles gut werden. Die Ampel blieb grün, die Tachometernadel blieb bei 55 km/h. *Okay, Testlauf. Noch einmal. Dieses Mal zählt es. Wenn die nächste Ampel ...* Vorsorglich nahm er den Fuß vom Gas, 45 km/h, 40 km/h. Hinter ihm hupte jemand. Das grüne Signal vor ihm begann zu blinken. Er stieg erleichtert auf die Bremse und ließ den Wagen bis zum Zebrastreifen ausrollen. Er konnte sehen, dass die Zebrastreifen zerklüftet waren vom Frost der Jahre.

„Dr. Peter Lueger" stand auf dem Namensschild. In seinem Arztzimmer erklärte er der Mutter und ihm, dass sich der Vater vor zwei Abenden plötzlich auffällig verhalten hatte. „Überaus aggressiv", so Dr. Lueger, der seufzte und fortfuhr, dass dies kein Einzelfall sei und häufiger vorkomme bei solchen Patienten, dass aber die Aggressivität, die aus dem Vater herausgebrochen war, selbst ihn erschreckt hätte.

Er sagte, der Vater sei nicht zu beruhigen gewesen. Dabei spielte er mit einem schwarzen Gummiband in seiner Hand, das er immer wieder dehnte; es war schon ein wenig ausgeleiert. „Zwei Pfleger hat es gebraucht", sagte Dr. Lueger. „Zwei kräftige Pfleger, um ihn in Schach zu halten und dann zu überwältigen. Wir haben ihn leider über Nacht fixieren müssen", sagte er. „Einen Pfleger hat er am Arm verletzt. Vielleicht hat er sich bedroht gefühlt, von einem Geräusch, oder irgendein Heimbewohner hat eine unanständige Geste in seine Richtung gemacht. Wer weiß. Schwierig einzuschätzen. Es reicht oft schon eine Kleinigkeit wie das Zeigen des Mittelfingers, die Mano cornuta oder der Scheibenwischer." Und Dr. Lueger sagte, dass es grundsätzlich und auch für den Krankheitsverlauf zu begrüßen sei, wenn die Verwandten regelmäßig zu Besuch kämen. Die Mutter und er nickten, dann bedankte sich der Sohn für die Informationen. Sie standen auf und verabschiedeten sich von Dr. Lueger, der sein Gummiband inzwischen vor sich auf den Schreibtisch gelegt hatte und nun stattdessen begann, etwas in sein Smartphone zu tippen.

Der Vater lag im Bett, das Kopfteil war nur sehr leicht schräg gestellt. Ihr Eintreten ließ ihn kurz aufschauen. Er sah mit stumpfen Quarzaugen in die zwei Gesichter, dann wandte er den Blick zum Fenster. Hexenschusshaftes Déjà-vu: Der Vater hatte gerade genauso weggesehen, so untheatralisch, wie schon vor ein paar Monaten, nachdem er *das Verbot* ausgesprochen hatte. Sie traten näher und blieben am Bettende stehen.

Obwohl die Decke fast ganz bis zu seinem bärtigen Kinn hochgekrabbelt war und auch seine Arme und Beine unter sich behielt, zeigte ihr wenig erhabenes Relief, dass der Vater darunter an Struktur verloren hatte. Wie eine

Luftmatratze mit Löchern oder einem defekten Ventil. Nur der Schädel ragte trotz des hageren Gesichts aufgeblasen und hydrozephal wie beim Elefantenmenschen aus der weichen Hülle hervor, als hätte der Gehirnmuskel Anabolika geschluckt. Es hätte auch sein können, dass gar kein Körper unter der Decke steckte, sondern nur ein paar Drähte und kurze, zusammengebundene Glasfaserkabeln, an deren Ende eine schuhschachtelkleine Box blinkte, dort, wo die linke Hüfte und die Windel hätten sein sollen, eine flache Box, die wireless mit einem anderen All verbunden war.

Nach einer Weile hustete der große Kopf des Vaters und zog die Nase hoch, er hustete erneut, und dann sagte er, dass er gestern ein Gespräch belauscht hätte, von zwei Pflegern, am Gang vor seiner Zimmertür. „Oder vielleicht habe ich das geträumt", sagte er. Aber die zwei Pfleger, die gäbe es mit Sicherheit, die zwei wären ihm bereits mehrere Male begegnet, und sie wären auch schon öfter in seinem Zimmer gewesen, hätten ihm schlechtes Essen gebracht, ungenießbaren, giftigen Fraß. Und diese beiden Pfleger hätten über etwas gesprochen, „leise gemurmelt haben sie", sagte der Vater und murmelte auch leise, über einen Dritten, der aber kein Pfleger wäre, den sie aber beide kennen würden. „Sie haben über seine sexuellen Vorlieben hin- und hergemurmelt", sagte der Vater, nämlich dass dieser andere, der Dritte, fixiert wäre auf Frauen, auf gewisse Frauen, auf Sex mit gewissen Frauen. Der Vater kicherte kurz und sagte dann laut, so wie man in einer Höhle nach einem Echo ruft: „TOT!" Das Echo blieb aus. Trotzdem kicherte der Vater wieder und sagte noch einmal laut: „TOT!" Und dann sagte er, dass sie tot sein müssten die Frauen für den Dritten, tot. Dass ihm Sex nur mit toten Frauen möglich wäre.

Dass er dabei erwischt worden wäre, in einer Leichenhalle, mit heruntergelassener Hose, sein steifer Schwanz noch in der kalten, staubtrockenen Muschi einer „im V-Stil" vor ihm liegenden Mutter von drei Kindern mit nur einem Bein, das andere hätte man ihr einige Tage zuvor infolge von Verletzungen nach einem Autounfall abnehmen müssen. Der Unfall hätte sich filmreif abgespielt, mit Feuer und sogar mit einer kleinen Explosion. Teilabschnitte ihrer Haut und ihrer Haare wären verschmort, geschmolzen gewesen, hätten ihren Siedepunkt erreicht, und man hätte ihr Hautstellen verpflanzen müssen wegen Verbrennungen dritten oder vierten Grades. „Und dann ist sie gestorben, kurz nach der Operation", sagte der Vater, und er sagte, dass die beiden Pfleger gesagt hätten, dass die ganze Geschichte sogar in der Zeitung gestanden wäre. Und dann kicherte er wieder und schüttelte lange den Kopf und sagte, dass ein Pfleger daraufhin gesagt hätte, dass aber in dem Zeitungsartikel keine Begründung, auch keine kleine Erläuterung dazu gestanden wäre, warum der Dritte gerne tote Frauen ficken würde. Er hätte aber von einem Bekannten, der bei der Polizei arbeiten würde, gehört, dass der Dritte sein Verhalten allerdings durchaus begründet hätte, nämlich gleich bei der ersten Einvernahme, gleich beim ersten Verhör. Der Verhaftete hätte erklärt: Weil sie mich beruhigen die toten Frauen; weil sie so schön kühl und so distanziert sind; weil sie, wenn ich auf ihnen liege, meine eigene, ständig überhöhte Körpertemperatur angenehm senken und unaufgefordert dafür sorgen, dass ich mich sicher fühle; weil sie keine Fehler, keine Beanstandungen und kein Verlangen an mich herantragen. „Die beiden Schweine haben dann weiter geredet", sagte der Vater. „Der eine hat gesagt, dass er glaubt, dass das wirklich mit einem gestörten Wärmegefühl

zusammenhängen kann und dass der Verhaftete das einfach nicht aushalten kann, Wärme, Wärmeentwicklung und
so weiter, ganz zu schweigen von Hitze. Dass der Verhaftete sich in der Kälte zuhause fühlt. Der zweite hat gesagt,
dass er glaubt, dass das einfach nur gestört ist, Wärmegefühl hin oder her."

Die Mutter hatte während des ganzen langen Berichts
stumm zugehört. Der Sohn neben ihr ebenfalls. *Was meinst
du damit? Was willst du uns sagen? Du willst etwas sagen, das
weiß ich. Aus welchem Grund erzählst du uns das? Warum?
Es gibt einen Grund. Bestimmt. Es gibt es einen Grund.*

Die Mutter verließ das Zimmer. Er blieb noch kurz wie
angewurzelt stehen und betrachtete das feierlich ruhige
Gesicht des Vaters, das er wieder Richtung Fenster gedreht
hatte, dann folgte er ihr. Gerade als er die Tür hinter sich
ins Schloss ziehen wollte, hörte er vom Bett her ein Singen.
Der Vater sang, „la lala la la la la" statt eines Textes, eine
Sinatra-Melodie. Vogelkehlig, krächzend, lauthals, beim
Aus-dem-Fenster-Blicken. Mit einem festen Schließen der
Tür versuchte der Sohn, Sinatra den Kehlkopf einzudrücken, dann holte er die Mutter im Korridor ein, noch bevor
sie den Aufzug erreicht hatte.

● zieht es an blassen ein- oder mehrfamilienhäusern vorbei zum dorfplatz. dort steht eine weiß getünchte kirche,
ein friedhof liegt dahinter, mit lockerer erde, verschobenen
särgen, schräg stehenden kreuzen und vertrockneten kränzen. der kranz am kriegerdenkmal, das den eingang zum
friedhof steinern bewacht, ist für gewisse ahnen und wegen
gewisser erben aus unvergänglichem kunststoff. vor ● liegt
ein gasthaus. hinter ● liegt die volkschule. aus einem offenen fenster tönt ein signal, die automatische pausenglocke

läutet. ● dreht sich um, es regt sich nichts innerhalb oder außerhalb der fenster, das signal lässt die umgebung kalt. so beginnt auch ● nicht hündisch zu sabbern. das signal verebbt. ● geht weiter und auf das gasthaus zu. von dort gehen regungen aus, geräusche hinter den mauern. lockung, lockstoff, gravitation. die schwere massivholztür steht dem eintreten entgegen. ● macht kehrt und geht um die ecke und noch einmal um die ecke, dort schimmern scherben der zersplitterten gläsernen hintertür auf dem boden. ● betritt durch den leeren, kaum mit glaszacken gespickten rahmen die gaststube. über ● knarren die deckendielen. ● geht links die steinstufen nach oben und kommt in einen festsaal. da, auf vormaliger tanzfläche: die lockstoffe. ein dicklicher, kleiner mann mit schnauzbart und eine frau mit einem neugeborenen auf dem arm. barrikaden verstellen den weg, eine defensivlinie aus umgeworfenen stühlen die erste, ein wall aus seitlich gekippten tischen die zweite. dahinter die drei verschanzten, ihre gesichter. ein schuss fällt, trifft ● in die brust.

Es dämmerte. Kleine Laubhügel buckelten entlang der Straße am Bankettrand vorbei. Die Scheinwerfer der entgegenkommenden Fahrzeuge blendeten ihn. Der Sohn murmelte, dass sie ihn blendeten. Er bremste vor der roten Ampel am Bahnübergang. Kurz darauf senkten sich die rot-weißen Schranken ordnungsgemäß um 90 Grad.

Die Mutter sagte: „Du hast wieder damit angefangen, nicht?" und machte eine Kopfbewegung Richtung Lenkrad. „Das Fingernägelkauen. Sieh dir mal deinen Zeigefinger und deinen Mittelfinger an, wie die ausschauen. Besonders diese beiden wieder. Genau wie früher."

Er streckte Zeige- und Mittelfinger der linken Hand wie zu einem Schwur vom Lenkrad weg und blinzelte. Die

Fingernägel waren tatsächlich abgekaut, bis tief ins Nagelbett. Er überlegte, ob ihm der Wiederbeginn verborgen geblieben war und wenn nein, warum er dann nicht daran gedacht hatte, die Nägel mit zwei Pflaster abzukleben. Dann hätte er sich eben beim Zwiebelschneiden geschnitten. Er erinnerte sich, wie die Mutter eines Tages mit diesem Fläschchen nach Hause gekommen war. Es war bis zum Rand mit einer durchsichtigen Flüssigkeit gefüllt gewesen, die scharf gerochen und äußerst bitter geschmeckt hatte. Jeden Morgen hatte er sich damals den Lack mit dem kleinen Pinsel der Verschlusskappe auf die Fingernägel streichen und eintrocknen lassen müssen, unter der Aufsicht der Großmutter. Anfangs war ihm der bittere Geschmack zuwider gewesen, und es war ihm schlecht geworden, aber er hatte nicht aufgegeben, hatte weiterhin die Finger in den Mund gesteckt und an ihnen geknabbert, so lange, bis er daran gewöhnt gewesen war. Nach fünf Wochen hatte seine Zunge den bitteren Geschmack angenommen und integriert.

„Ja", sagte er nach vorne hin zur Windschutzscheibe. *Ja, ja, ja, ja. Ich habe wieder damit angefangen. Genau. Ja, richtig. Gut gesehen. Gut bemerkt. Ja, ich kaue wieder an den Nägeln. Richtig.* Die Schranken öffneten sich. Er stieg aufs Gas, noch bevor das rote Ampellicht erloschen war.

Das Ortsschild kam in Sichtweite. Er verringerte die Geschwindigkeit erst bei Erreichen. Flutlicht erhellte den Fußballplatzrasen auf der linken Seite. Es wurde trainiert. Die Spieler versammelten sich gerade am Mittelkreis, nur einer trottete noch im Strafraum herum, kniete sich hin und band sich gemächlich die Schnürsenkel zu. Der Sohn erinnerte sich an die niemals böse gemeinten Zwischenrufe der Zuschauer („Zeitschinder, weiterspielen, so schlimm kann's nicht sein, steh auf, sonst zerren wir dich vom Feld,

so schnell kannst gar nicht schauen ...") und an den dick-
lichen kleinen Mann mit Schnauzbart in seinem schwarz-
gelben Trainingsanzug aus Polyester, der untilgbare Flecken
aufgewiesen hatte, „Torpedoeinschläge vom U-Boot", wie
die Spieler dazu gesagt hatten, entstanden bei den unsau-
beren Versenkungen gefüllter Schnapsgläser in aufspritzen-
de Biergläser, versenkt vom Trainer selbst nach jeder Trai-
ningseinheit und nach jedem Spiel. Dann der Trainer und
seine besoffene Rede über den eigenen Nachwuchs, über
seine eigenen Kinder, im Sporthaus an der Bar, an einem
Sonntagabend, über den Buben und auch über das Mädchen.
„Die Welt ... sie bedeuten mir die Welt", hatte ihm der Trainer mehrmals versichert, mit Vatertränen in den Augen.
Und dann hatte der Trainer ihm auch noch mit schwerer
Zunge versichert, im unheilbaren Krankheitsfall bei ihm
selbst den Bau einer Rohrbombe in der Garage in Angriff
nehmen zu wollen, „die Pllläne und das Schschschwarzpul-
ver liegen schon in einer Lllade und warten", hatte er gesagt,
um dann mit der fertigen Bombe nach Mekka zu fahren, zur
Kaaba, denn dort wollte er sich mit dem heiligen Meteoriten
der Islamisten in die Luft jagen, „ein echter Schschspreng-
körper für diese ganzen ziegenfickenden Salllafischsten un
Dschihadisten", hatte der Trainer gesagt, wobei ihm bei den
letzten beiden Hauptwörtern fast die Zunge gebrochen und
wie ein abgeworfener Eidechsenschwanz aus dem Mund
gefallen war, dass er eine „nackte, blonde und blauäugige
Braut mit richtig prallen Silikontitten" auf das Schwarz-
pulverrohr malen würde „als Abrundung von mein Selbst-
mordkommando für den guuuden Sweck", denn „Lllläuse
gehören zerquetscht und Parasiten ausgemmmmerst", „man
muss schließlich um jeeeden Preis verhindern, dass die sich
wie ein Karsinooom am Körper unserer Nation vollfressen

und dass die noch radikaler werden. Das muss man verhindern. Für meine Kinder. Für unsere Kinder." Der Sohn hatte ihm zugestimmt, er wollte beim nächsten Match in die Startaufstellung. Der Trainer hatte ihm väterlich auf die Schulter geklopft, dann hatte er noch einmal laut aufgestoßen und war friedlich vor seinem halbleeren U-Boot an der Bar eingeschlafen.

Die gleißenden Köpfe der vier Flutlichtmasten hefteten in diesem Augenblick jedem Spieler vier Schatten an die Fußballschuhstollen. Die Schatten zeigten nach N, S, O, W, aber in keinem rechten Winkel, sondern wie schief überkreuzte Kegel, sodass man sie kaum mit lebenden Kompassen hätte vergleichen können. Jemand blies in eine Pfeife. Das Trillern war laut genug, um durch das Motorgeräusch und die Scheiben zu finden.

Sie fuhren vorbei und bogen in die übernächste Straße ein.

„Was ist das für ein Andrang?", fragte er. Vor dem Gemeindehaus standen Menschentrauben, gelbe, rote, blaue, grüne Luftballons waren in aller Hände.

„Festvorbereitungen", sagte die Mutter. „Herbstfest. Nachher im Gasthaus."

Eine aufmerksame Nachbarin hob die luftballonschnurlose Hand. Der Sohn hielt nicht an und grüßte nicht zurück. Die Mutter beugte sich schnell nach vorn und tat so, als ob ihr etwas unter den Sitz gefallen wäre. In sicherer Entfernung, auf dem Schrägparkplatz vor der Volksschule, die fünfzig Meter vom Haus entfernt lag, stellte er den Motor ab. Die Mutter blieb sitzen, schaute durch die Windschutzscheibe.

„Hier darfst du nicht stehen bleiben", sagte sie. „Kurzparkzone, seit ein paar Tagen. Warte", sagte sie, als er starten wollte, „ich steige aus. Park das Auto bei der Schnellbahnstation.

Ich hol's mir morgen, wenn ich spazieren geh. Den zweiten Autoschlüssel behältst du einfach wieder. Du brauchst nicht mehr nachkommen."

„Gut", sagte der Sohn. „Ja. Wie du meinst."

Er drehte den Zündschlüssel. *Raffinierte Ablenkung das mit den Fingernägeln. Damit hat sie es wirklich geschafft. Kein Wort haben wir über ihn verloren. Sie wollte mich ablenken. Wieso will sie nicht, dass wir …*

„Du brauchst auch nicht mehr zweimal pro Woche herkommen", sagte sie. „Das ist wirklich nicht notwendig."

„Wie du meinst", wiederholte er. Der Motor heulte auf, und mit ihm sein Ohr. *Was hat sie? Was ist mit ihr? Hat der Besuch ihr …*

„Es geht mir gut", sagte sie und legte ihre Hand auf den Türgriff. „Und du hast bestimmt genug zu tun in der Firma. Den Kühlschrank habe ich übrigens ausgeräumt und mit frischen Sachen gefüllt. Ich war wieder einkaufen letzte Woche. Und das mit dem Schlafen werde ich auch noch in den Griff bekommen."

Das Ohr lärmte. Der Motor lärmte. *Es ist nichts. Es ist nichts. Es ist so, wie sie sagt. Es ist so. Und es ist nichts.*

„Okay", sagte er. *Aber sie hat es beruhigend gesagt. Sie hat es sehr beruhigend gesagt. Warum? Warum glaubt sie, dass sie mich beruhigen muss? Was hält sie geheim? Warum will sie nicht mehr, dass ich sie besuche? Hat ihr sein Stammeln irgendwie …*

„Gut", sagte die Mutter und öffnete die Autotür. „Dann … bis bald."

„Ja", sagte er und gab ihr einen Kuss auf die linke Wange. Sie stieg aus und wollte gerade die Beifahrertür zuschlagen, da sagte er: „Es war in Ordnung, oder? Dass du mit warst. Ich meine, jetzt hast du ihn auch gesehen. Und das Verbot …"

„Es spielt keine Rolle", hörte er sie kopflos über das Autodach antworten. „Es ist, wie es ist. Nicht schlechter und nicht besser. Jedenfalls nicht zu ändern. Die nächste Schnellbahn kommt in zehn Minuten."

„Ja", sagte er. *Was meint sie? Wie meint sie das?*

Ihr Gesicht tauchte noch einmal schräg in der oberen Türhälfte auf und schickte ihm einen seltsam interessefreien Blick entgegen. „Bis bald", sagte sie.

„Ja, bis bald", sagte der Sohn.

Die Autotür schlug zu. Die Mutter ging Richtung Haus. Er fuhr los und parkte den Peugeot bei der Schnellbahnstation.

Während der Zugfahrt in die Stadt überlegte er, ob etwas mit der Dosierung nicht stimmte. Dass PRAM® zu niedrig dosiert war. Dass es seine Wirkung verloren hatte, vielleicht. Dass er es vielleicht wieder mit XANOR® versuchen sollte. Seine Hände waren kalt. Der linke Fuß drohte ihm alle zwei Minuten mit dem Einschlafen. Im Ohr lärmte es.

Das Thermometer in seinem Wohnzimmer zeigte 18,3 Grad Celsius Innentemperatur. Draußen war es windig und kühl geworden. Er ging ins Badezimmer und zog sich aus. Er legte sich nackt in die leere Wanne. Dann ließ er warmes Wasser einlaufen. Er lag da und begann, mit der kalten rechten Hand seinen Schwanz zu streicheln. Fester. Fester. Er riss daran. Er riss an der Vorhaut. *Es will nicht, das Fleisch. Nicht Fisch, nicht Fleisch.* Er beendete es. Und richtete sich auf und langte aus der Wanne, packte die Hose am Boden und kramte aus ihrer Tasche sein Smartphone hervor.

Er dachte an das Ende des Gedichts von Jandl, an
l'amour
die tür
the chair

Und er dachte an „la chair du monde". Dann wählte er eine Nummer aus dem Speicher der ausgegangenen Anrufe.

das projektil durchquert die linke herzkammer, es hinterlässt eine markierung am schmutzigen t-shirt, einen blutorden neben den schwarzen lippen von kate moss. ● hetzt los, drückt im laufen mit den knien und dem gewicht des körpers die liegenden stühle weg, dem kaputten knöchel trotzend. ● bahnt sich den weg durch die verteidigunglinie aus holz. die tanzfläche kommt näher. der mann stemmt seine schulter gegen die tischplatte, sie ist das letzte trennende schild. ● prallt dagegen. in das quietschende geschiebe mischt sich das schreien des neugeborenen und die stimme der mutter. beschützen liegt dem mann im blut und also im gedächtnis, der heimat-, der grenz-, der familien-, der ehrenschutz, die furcht vor dem fremden im inneren und von außen. da ist ● über ihm und reißt dem mann sein herz heraus. danach treibt es ● zur mutter mit dem kind. es schreit nach wie vor in ihrem arm. zum stillen am milchgefüllten busen kommt es nicht mehr. ● beißt der mutter die halsschlagader auf. ihr fällt das bündel vor die füße der negativen materie, die es aufhebt und verschlingt. dabei ist ● nicht böse, ● ist kein zurückgekehrter racheengel. ● ist auch kein gespenst, kein astralleib, denn ● ist nicht unheimlich, besucht niemanden und ● sucht auch nicht mehr nach einer heimat. so verlässt ● jetzt auch das gasthaus, denn letztlich ist ● nur ganz allgemein gegen das leben und gegen den tod. gegen das leben, weil es falsch erinnert, und gegen den tod, weil er falsch vergisst. und daher ist ●, in dem als lebendiger/toter beides steckt und nichts mehr von beidem, letztlich besonders auch gegen sich selbst.

Ein Gründerzeithaus in der Innenstadt: die von Christian genannte Adresse des Ateliers. Vierter Stock. Es war einfach gewesen, einen Termin zu finden. Der Sohn hatte sich Zeit verschafft, hatte sich von der Arbeit krank schreiben lassen. Er hatte seiner Hausärztin einiges vorgehustet. „Verkühlung, beginnende Bronchitis" war von ihr diagnostiziert worden. Ihm fehlte eigentlich nichts.

„Unzeitig" stand in Druckbuchstaben auf dem zweiten Schildchen von oben, nach einem Leerzeichen gepaart mit „Atelier". Er drückte den Klingelknopf und zuckte zusammen. *Habe ich vielleicht zu lange gedrückt ...?* Aus der goldenen Gegensprechanlage fragte es „Jaaa? Bitte?". Der Tonfall verriet ihm nicht, ob er den Knopf wirklich zu lange gedrückt gehalten hatte. Er sagte seinen Vornamen, woraufhin eine Hummel im Schloss die Haustür aufbrummte. Der Gang drinnen führte an neuen weißen Postkastenfächern und einer grünen Papiermülltonne vorbei zu einer Tür, hinter der sich ein großzügiger Innenhof mit einer breiten, gepflegten Grünfläche befand. Auf der Grünfläche stand ein Nussbaum, an dessen Stamm sich ein altes Wagenrad lehnte. Friedvolle Zierde. Links ging es weiter zum Aufzug.

Er drückte auf den obersten Knopf, den neben der 4. Die silberne Tür glitt zu. Der Sohn fuhr sich vor dem Spiegel mehrmals nervös durch die Haare, zupfte an seiner Jacke herum und beulte die Dellen der Kapuze, die ihm im Nacken saß, aus. Die silberne Tür glitt wieder auf. Er trat auf den Gang, schaute nach links und rechts. *Nummer 17.* Er wandte sich nach links. *Falsch, nur 14 und 15. Dann rechts.* Nummer 17 lag am Ende des Korridors. Der Sohn wartete kurz vor der Ateliertür, die wie eine normale Wohnungstür aussah, dann drückte er annähernd entschlossen die Klingel.

Nahe hinter dem weißen Lack hörte er jemanden lachen. Es verfinsterte sich aber weder der Spion noch schoben sich Schatten unter der Tür herum. Da wurde unvermittelt geöffnet. Eine Frau, sie war um einen guten Kopf kleiner als er, etwa 1,65 Meter groß, schlank und in einem schwarzen, knielangen Kleid mit weißen Punkten. Sie trug chanelroten Lippenstift. Ihre schwarz gefärbte Bobfrisur ging symmetrisch bis zum Kinn. Er dachte, dass sie im Alter der Mutter sein musste, eventuell ein wenig jünger.

Sie stellte sich als Julia Unzeitig vor. „Herzlich willkommen", sagte sie freundlich, „bitte, keine Scheu, nur herein", und machte eine einladende Geste, während sich die Hand des Sohnes in die Leere streckte und dort schweben blieb, woraufhin Julia das gleiche Lachen lachte wie eben erst hinter der geschlossenen Tür. Der Sohn konnte es aber nicht deuten, irgendwie zwitscherte es zwischen eigentümlich fröhlich und ein wenig überheblich. Sie ergriff seine Hand, kurz bevor er sich vor Verlegenheit zu verflüssigen begann. Die Finger am Ende des linken, nutzlos herabhängenden Arms hatte er zu einer losen Faust angewinkelt, damit Julia die beiden abgekauten Nägel nicht sehen konnte. Sie fragte ihn, ob er gut hergefunden hatte. Er bejahte, kein Problem. Sie sagte, dass Christian noch beschäftigt sei, dass er aber bald kommen würde und dass sie ihn in der Zwischenzeit durch das Atelier führen könnte. Er bedankte sich und hängte seine Jacke an die Garderobe. Julia ging voraus, er folgte ihr. Sie zeigte ihm eine Art Aufenthaltsraum, den sie „Begegnungszone" nannte, mit Kochnische, Geschirrspüler, Kaffeemaschine und einem braunen Ledersofa. Im nächsten Zimmer, der „Entspannungszone" beziehungsweise dem „Reflektorium", ruhte eine soldatisch aufgefädelte Reihe blauer Wellness-Geflechtliegen. Links ein Bechstein-Flügel.

In die rechte hintere Ecke drängte sich ein mannshoher, begehbarer Quader aus hellem Holz, der von außen an eine finnische Sauna erinnerte. Die kleine Sichtscharte an der Seite war dunkel. Dort drinnen musste Nacht herrschen. Der Sohn hoffte kurz, dass es sich bei dem überdimensionalen Camera-Obscura-Gebilde nicht um einen MacGuffin handelte, dem noch eine schwerwiegende dramatische Funktion zukommen würde, sollte er zukünftig öfter hierher kommen – er wollte sich eigentlich gar nicht überlegen, was sich darin verbarg oder was sich darin bereits abspielt hatte. Er begleitete Julia in einen weiteren Raum, der größer war, schlauchförmig und hell, mit einem hohen Fenster in der gegenüberliegenden Wand und einem mehrgeschossigen, vollgestellten Bücherregal an der Seite. Das Dach des obersten Regals verlief knapp unter der Decke und war auch für den größten Menschen der Welt nicht aus dem Zehenspitzenstand zu erreichen. Es gab eine Leiter auf Rollen, die man zur gewünschten Stelle schieben konnte. In der Mitte des Raumes stand ein langer haselnussbrauner Tisch mit mehreren Stühlen. Auf dem Tisch lagen Bücher verstreut und dabei doch merkwürdig bedeutsam arrangiert, wie Spiel- oder Tarotkarten: „Corpus", „Was heißt Denken?", „Feu la cendre", „Ethica, ordine geometrico demonstrata", „Anti-Ödipus", „How to Do Things with Words", „Die schrecklichen Kinder der Neuzeit" und einige andere, ältere Ausgaben, die sich wahrscheinlich alle mit Kupferstich-Frontispizen ausweisen konnten. Ein Buch schien gar keinen Titel zu besitzen, nur der Name des Autors prangte unübersehbar auf dem Umschlag: Erick von Maître-Gehorner. Oder war das der Titel? Er stellte sich vor, wie er „Gehorner" ganz laut und wahrscheinlich falsch aussprach, mit lautem h und Betonung auf dem zweiten e, und ihm wurde heiß.

„Unsere Bibliothek", sagte Julia. „Darauf sind wir besonders stolz. Hier können wir uns auch ungestört unterhalten und stören niemanden. Bitte."

Julia zeigte auf einen Stuhl, der hart und nicht sonderlich bequem aussah. Der Sohn bedankte sich und nahm Platz. Sie zog einen weiteren Stuhl, der seine gepolsterte Sitzfläche unter dem Tisch versteckt gehalten hatte, zu sich heran, schob diesen sehr nahe an seinen und setzte sich vor ihn hin, leicht seitlich und ähnlich aufrecht und gerade wie Christian. So in ihrer Nähe konnte er sehen, wie wenig Falten ihren Augenwinkeln eingeschrieben waren.

„Hast du gewusst", sagte Julia, „es fällt mir nur gerade ein, dass es im 19. Jahrhundert keine Seltenheit war, Bücher in Menschenhaut einzubinden? Das muss ein seltsames Gefühl sein, oder? Ein Buch in der Hand zu halten, von dem man weiß, dass der Einband aus Menschenhaut besteht. Eines dieser Bücher heißt noch dazu ‚Des destinées de l'âme'. Wirklich merkwürdig. Was es nicht alles gibt", und sie schlug die Beine übereinander. „Also, wie dem auch sei, ihr habt ja schon ausgiebig geplaudert, Christian und du. Im Restaurant, wie ich gehört habe. Schön."

Eine Wolkenbank zog draußen vorbei und dimmte das Licht, sodass die goldenen Glühwürmchentitel der braun- und rotledernen Buchrücken hinter ihrem Kopf zu leuchten aufhörten. Ein mehrbändig verlöschender Wilhelm Reich zum Beispiel. Gleichzeitig schien sich auch das Kleid von Julia zu verfinstern, jedenfalls war es, als würden sich die weißen Punkte wie bei optischen Täuschungen auf ihrem schwarzen Hintergrund mit gräulich durchscheinenden, flimmernden Waben füllen. Es war eine jener Veränderungen in der Helligkeit, die einen dazu veranlassen, sofort alle Fenster zu schließen.

„Du hast den Text gelesen, den Aushang?"

Der Sohn bejahte, und Julia zeigte ihm zur Belohnung ihre perlweißen Zähne.

Sie begann daraufhin fast wie aus dem Nichts mit steigender Entrüstung und im Duktus einer metaphysischen Diskursausflüglerin, die nebenbei auch viele historische Namen und Gebiete durchlief und der er daher nur mühsam folgen konnte, über den Gegensatz von toten, akademischen Wissenschaftschimären und lebendigen, theatralen Kunstformen zu monologisieren. „Wir sind für das Ensemble", wiederholte Julia mehrmals. Das „wir" blieb, obwohl er dahinter vor allem Christian und sie vermutete, vage und abstrakt. Doch je öfter sie es wiederholte, desto glaubhafter und überzeugender kam es dem Sohn vor.

Nachdem sich Julia von ihm hatte versichern lassen, dass er nicht durstig war, erklärte sie *das Miteinander* zur grundlegendsten aller Existenzialien. Während ihrer Ausführungen, die sich manchmal vor lauter Bonmots an den Kanten des Bücherregals verfangen und zu überschlagen drohten, hörte der Sohn, wie unten im Innenhof – wahrscheinlich, denn das hohe Fenster konnte fast nur dort hinaus führen –, ein Streitgeschrei in die Gänge kam, dessen Inhalt unverständlich blieb (*vielleicht unter Nachbarn? vielleicht wegen Lärmbelästigung? vielleicht wegen einer noch größeren Lapalie?*), und er wünschte sich kurz, allein zu sein, besann sich dann aber ziemlich rasch wieder auf die redende Frau vor ihm. *Undankbares Arschloch, konzentrier dich gefälligst.*

„Das ist es, was Christian und ich allen, die zu uns kommen, begreiflich zu machen versuchen", sagte sie. „Dass es Courage braucht, im Leben wie in der Kunst. Courage zur Verletzlichkeit, zum körperlichen Sich-Exponieren. Am Theater weiß man das. Dort geht es *nur* um das Performative des Körpers. Um nichts anderes."

Sie rutschte in ihrem Sessel nach hinten, korrigierte auf diese Weise die leicht nach vorne gewanderte Lage des Rumpfes und strich sich an ihrem aufliegenden Schenkel das Kleid glatt.

„Affirmation", sagte sie ruhig, „das ist das Zauberwort."

Dann erzählte sie dem Sohn mit ernster Miene von einem tragischen Fall in ihrer nächsten Umgebung, der sich vor ein paar Wochen zugetragen hatte. Christians Cousine war gestorben, Mutter von drei Kindern, mit sechsunddreißig, an den Folgen eines Autounfalls. Explosion, schwere Verbrennungen. So etwas sei natürlich furchtbar, und ein Schicksalsschlag, speziell auch für Christian, denn die Cousine sei ihm, im Gegensatz zu den restlichen Familienmitgliedern, sehr nahe gestanden.

„Aber solche katastrophalen Erfahrungen", seufzte sie, pausierte und klopfte dreimal neben die verstreut vor sich hin dämmernden Bücher auf die Tischplatte, „solche Erfahrungen macht man – man macht sie, und dann muss man sie schleunigst in etwas Positives umwerten. *Pathos.*" Sie sagte das Wort mit einer Mischung aus Bestimmtheit und Gleichmut. Er wusste nicht warum, aber es klang ihm wie ein Vorwurf. „Christian hat genau das getan. Er hat sich davon nicht aus der Bahn werfen lassen. Hat gleich weitergemacht."

„Also ein Ja zum Leben und ein Ja zum Körper", platzte er heraus und war ein wenig überrascht von der Vehemenz, mit der er ihre Position noch einmal zusammenfasste und ihr damit auch zu verstehen gab, dass er verstanden hatte.

„Ah! Exakt", rief sie, und er dachte, dass sie jetzt wahrscheinlich denken musste, hoffentlich dachte, er habe sich mit dem Gesagten bereits völlig identifiziert, was noch nicht ganz der Fall war, aber bestimmt noch kommen konnte. *Bestimmt. Fixer Vorsatz. Fixes Ziel.*

Julia fuhr fort und erzählte ihm vom Pathos am Theater, von ihren Rollen, die sie früher als junge Schauspielerin gespielt hatte – „die Regine Engstrand in Ibsens ‚Gespenster‘", sagte sie und erhob sich, „Goethe, Schiller, Shakespeare", fuhr sie fort und begann sich mit leicht gehobenen Armen und geschlossenen Augen wie ein Derwisch auf der Stelle zu drehen, dass sich ihr Kleid bauschte, „die Eve Rull bei Kleist, die Nina Saretschnaja in Tschechows ‚Möwe‘, alles Mögliche, die großen Klassiker", sagte sie und drehte sich schneller, so schnell, dass er ihr schwarzes Höschen und ihre gut trainierten, straffen Beine sehen konnte, „so viele Stücke", sagte sie, „so viele, dass mir irgendwann ganz schwindlig wurde", und da beendete sie das Drehen und stand für ein paar Augenblicke mit geschlossenen Augen still vor dem Bücherregal.

„Ja, die wirklich grooooßen Stücke", sagte sie dann, während ihre Augenlider schleppend hoch- und ihre Handflächen roboterhaft gleichmäßig und weit auseinanderfuhren, als ob sie ihm die Rekordlänge eines selbst geangelten Karpfens zeigen wollten. Als damals dieser eine mächtige und vielfach preisgekrönte Regisseur ihr jedoch nach vier erfolgreichen Spielzeiten ohne jede Vorwarnung über seine Assistentin ausrichten ließ, dass sie nicht mehr „zum inneren Kreis" des Ensembles, den Julia jetzt mit den Fingern in wehmütige und trotzige Anführungszeichen setzte, gehören würde, da sei für sie eine Welt zusammengebrochen. Ihre gesamte Karriere sei mit einem Schlag vor ihren Augen zu Staub zerfallen.

„Ich hab mich dann gesammelt, langsam, aber stetig, und habe nach Alternativen gesucht." Auf Vermittlung von

Kollegen sei sie zum Unterrichten gekommen. Seitdem lehrte sie Choreographie an einer kleinen Schauspielschule hier in der Stadt.

Christian trat ein. Er sah fröhlich aus. Der Sohn erhob sich und gab ihm die Hand. Christian ergriff sie, drückte sie fest und klopfte ihm mit der anderen auf die Schulter.

„Amor Fati zum Gruß", rief er überschwänglich.

„We love being", sagte Julia, die auch vom Bücherregal herantrat, sodass ein gleichseitiges Dreieck entstand, „nicht, Christian?"

Kapitel 6

der oberkörper ist weiß-braun-purpur und auch grau und
verdorben. der brustkorb steht offen, ist einsehbar von verschiedenen seiten an verschiedenen stellen. das innen ist
nach außen gestülpt. spuren der kindesmutter hängen an
den schmalen lippen von ● und auf der jeans, spuren des
kindes liegen im toten magen. ● wankt weiter, über die
felder, durch schulterhohen mais. ein fabrikschornstein,
kalt beleuchtet von sonne, eine alte wurstfabrik, backstein,
verlassene mauern. wilder wein und efeu ranken und han-
geln sich daran hoch, eingeschlagene scheiben. zerbroche-
ne glassplitter und verbogene reißnägel im unkraut, das
zwischen den pflastersteinen hervorwuchert. ● geht darüber hinweg, splitter bleiben in der nackten sohle stecken,
der linken. der rechte fuß, kaputt und nach hinten gebogen,
hornhaut abgeschliffen, abradiert, abgewetzt, der spröde
fersenknochen ist sichtbar, in ihm bleibt nichts stecken. auf
drei plakaten wird großflächig geworben, für ein fitnesscenter, für einen supermarkt, für ein fast-food-restaurant.
überlebensgroße wesen zeigen darauf geräumig haut. bauch
und bauchnabel, beine und po, alles haarlos, bruchlos, un-
versehrt, straff und aus einem guss, gestählt und mit sich
selbst im porentief reinen. ● streift mit den faszien der
schulter an den projektionsflächen entlang. in und nach
der berührung verdunkeln sich die farben der folien, ihre
hintergründe schwärzen sich zu quadratischen luken, ka-
simir malewitsch. vordergründig schatten die figuren der
wesen ab, verflüssigen sich ihre konturen, laufen sie aus,
treten sie aus, wenden ihr innerstes nach außen, verlieren

ihre vollständigkeit, desintegrieren. plakatives triptychon des fleisches, körper- und gebeinhalde, drei studien zu einer kreuzigung, francis bacon. die werbeflächen verwelken.
● lässt sie zurück, lässt sich auf ihnen zurück.

Ich verließ hinter Christian die Bibliothek. Julia folgte mir. Wir betraten einen weiteren Raum, dessen Tür vorher geschlossen gewesen war. Der Raum war ebenfalls groß und hoch und hell, und der Boden war mit weichen blauen Matten ausgelegt. Auf den Matten saßen zwei junge Männer und zwei junge Frauen, alle etwa in meinem Alter. Sie saßen dort mit ausgestreckten oder angezogenen Beinen, die Arme hinter ihren Rücken abgestützt, und warteten. Sie unterhielten sich nicht.

„Das sind die ander*r*en Teilnehme*r*rinnen und Teilnehme*r*r", sagte Christian. Er hieß uns alle noch einmal herzlich willkommen und erklärte, dass wir nun vollzählig seien. Und er meinte, dass ich die „Vo*rr*stellungs*rr*unde" beginnen soll. Die Raumakustik ließ das rollende r hallen. „Vielleicht kann jede*rr* und jede auch ku*rr*z e*rr*zählen, aus welchem G*rr*und e*rr* ode*rr* sie hie*rrr*he*rr* gekommen ist."

Ich spürte, wie sich meine Kiefermuskulatur anspannte, und ich hörte kurz das Geräusch aufbranden, aber nur kurz, dann sagte ich meinen Vornamen und dass ich über Christians Text „esc – abbrechen" hierher gekommen sei, dass ich Philosophie studiert und dann abgebrochen habe und nun dabei sei, mich aus diversen Gründen und wegen gewisser Lebensumstände auf diesen Weg zurückzubegeben. Die anderen vier lauschten, ohne mit der Wimper zu zucken.

Dann kam eine der beiden Frauen an die Reihe. Sie machte es sich leicht: Ich hatte ihr die Formulierungen in den

Mund gelegt, und sie lutschte uns diese im Grunde nur noch einmal vor. Allerdings reicherte sie dabei ihre Sätze mit zahlreichen Adjektiven an, um das zu verbergen – was jedoch nur dazu führte, dass sich der gelieferte biographische Abriss und mit ihm auch ihr gestikulierender, rundlicher Leib vor meinen Augen und Ohren selbsttätig aufzuspalten begannen – beide wurden dünn und durchsichtig. Sie sei über Christians *wunderbartollen* Text hierhergekommen, die *kraftvollen* Formulierungen darin hätten sie sofort *persönlich und tief* angesprochen, sie sei mit ihrer *hoffnungslosen und zermürbenden* Arbeit bei einem Verlag *unzufrieden* und *furchtbar unglücklich* und befinde sich nun auf der *mühsamen* Suche nach *geistreicher* Unterstützung für die *abenteuerliche* und *aufregende* Reise zu ihrer *ganz* persönlichen, *einzigartigen* „Möglichkeiten-Multiplikation". Ihren Vornamen hatte sie zwar zu Beginn genannt, die Gammastrahlung der daraufhin adjektivisch in Gang gebrachten Wortkernspaltung hatte diesen aber nicht verschont: Als sie zu reden aufhörte, war er aus meinem Gedächtnis gelöscht. Er beginnt mit M, glaube ich. Ja, irgendwas mit M.

Die zweite Frau stellte sich als Johanna vor. Der Name blieb mir. Sie hatte lange schwarze Haare, braune Augen und ein markantes Kinn. Ihre Arme waren zart und feingliedrig. Die Knochen der Handgelenke, die aus den Ärmeln eines grauen Cardigans ragten, waren gut zu erkennen. Sie sagte, sie sei über die Empfehlung einer Bekannten hierher gekommen, einer bildenden Künstlerin, wie sie selbst eine sei, wenn sie nicht gerade als Kellnerin arbeiten müsste. Sie sagte, sie kenne den Text nicht, von dem gesprochen worden sei, sie sei jetzt aber darauf neugierig geworden. Christian unterbrach sie mit „Kein Prroblem", er werde ihr später gern eine Kopie davon mitgeben. Johanna sagte dann noch, sie sei hier, weil es ihr gesundheitlich nicht so gut gehe. Sie hege aber eine tiefe Aversion und Skepsis gegen das sogenannte Schulmedizinsystem, gegen diese Arzt-Patienten-Hierarchie, in dem sich die Ärzte wie Götter fühlen, allmächtig nämlich, einen aber nur entmündigen und am liebsten täglich mit Gift vollpumpen, und daher sei sie eben hierher gekommen, um einen alternativen Ansatz auszutesten, auch einen emanzipatorischen vielleicht, der auf einem Miteinander beruhe und eben nicht auf einem patriarchalen Herrschaftsverhältnis.

Einer der beiden jungen Männer, der mit der Hornbrille, hieß Clemens mit Vornamen. Sein Nachname war so kurz, dass er wie der Schluckauf eines Erdmännchens klang. Den Namen des anderen überhörte ich. Clemens war Germanistikstudent. Der andere stotterte, er habe zurzeit keinen k-kon-konkreten Beruf, er sei freiberuflich unterwegs, im Auft-t-trag diverser Firmen, auf Honorarbasis. Beide nannten ebenfalls den Text als Grund für ihr Kommen. Ich beobachtete Christian und Julia. Es entstand während der Vorstellungen auf ihren Gesichtern nichts Bedeutungsvolles. Sie blieben gleich. Ich war froh, als die Vorstellungsrunde zu einem Ende kam.

„Vielen Dank für diese ersten, kurzen Ausführungen zu euren Biographien, zu euren Motiven und zu euren Erwartungen", sagte Christian. „Über Julia und mich wisst ihr ja auch alle schon das Wichtigste, wir haben uns ja unterhalten. Ich schlage daher vor, dass wir keine Zeit mehr verlieren und gleich in medias res gehen. Das Thema der heutigen, unserer ersten Übung lautet: Vertrauen. – *Vertrauen*", wiederholte er, „ist die Basis für jedes Miteinander. Vertrauen ist ein körperlicher Akt, der uns zwingt, uns hinzugeben, uns dem Anderen hinzugeben. Es ist ein Akt des

Loslassens. Vertrauen heißt, seinen eigenen Körper wieder-
zuentdecken, die eigene Sinnlichkeit. Das ist der erste Schritt
auf dem Weg zu neuen Möglichkeiten."

Christian sprach langsam und ernst. Ich nickte mehrmals, damit er mir seinen Blick zuwandte. Und er wandte
mir seinen Blick zu. Am Ende sagte er, wir sollten uns mit
dem Rücken auf die Matten legen und die Augen schließen, Julia würde uns Anweisungen geben, und er würde
uns bitten, ihnen genau Folge zu leisten. Ich legte mich
auf den Rücken und schloss die Augen. Johanna lag rechts,
Clemens links von mir. Ich hörte Julia sanft sagen, dass
wir den Raum erkunden sollten.

„Bitte währenddessen die Augen wirklich fest geschlossen halten. Erspürt die Umgebung. Mit euren Händen. Mit
euren Füßen. Mit der Nase. Tastet. Lotet aus. Berührt. Scheut
nicht zurück, auch nicht vor der Berührung eines anderen
Körpers. Ihr seid hier an einem sicheren Ort, in einer sicheren Atmosphäre."

Ich wollte sie beim Wort nehmen, und obwohl ich wusste, wie es draußen hinter den geschlossenen Lidern aussah
und wie dort das Abendlicht durch die hohen Glasscheiben
zitterte, fühlte sich der Raum nun an wie ein fensterloser
Keller. Katakombisch. Ich musste an das Haus denken, und
ich musste an das Heim denken. Ich versuchte mich auf die
sich steigernde Wärmeentwicklung an meinem unteren
Rücken zu konzentrieren, betastete, wie Julia gesagt hatte,
die weiche Matte, spürte zu jener Stelle hin, wo mein Kopf
auflag. Julia sagte, wir dürften, wenn wir wollten, ruhig auch
unsere Positionen wechseln. Ich wechselte meine Position,
drehte mich nach rechts auf die Seite. Ich ließ meine rechte Hand hochwandern, über die Rillen der Matte. Schnup-
perte. Ich roch Johanna. Sie wehte zu mir herüber. Meine

Hand berührte ihr Ohr. Ich widerstand dem Reflex, so wie Julia gesagt hatte, und zog die Hand nicht weg. Betastete den Rand ihrer Ohrmuschel, streichelte ihn leicht. Johanna roch nach grünem Tee. Das Gefühl des gefühlten Kellerraums wurde heller. Dann wechselte ich zurück in die Ausgangsposition. Julia sagte, wir sollten bitte die Augen geschlossen halten, nun sei Fütterungszeit. Ich spürte kleine, ovale Dinger in meine hohle Hand rollen. Julia sagte, dass nun alle bekommen hätten und dass wir nun essen könnten. Ich steckte mir die Dinger in den Mund. Erdnüsse. Sie lagen glatt und salzig auf meiner Zunge. Ich zerrieb die Erdnüsse so lange, bis sie als feiner, dünnflüssiger Brei durch meine Mundhöhle trieben. Den Brei schluckte ich dann häppchenweise. Schließlich sagte Julia, dass wir nun wieder die Augen öffnen könnten. Ich öffnete sie und rieb aus ihnen die Dunkelheit heraus. Und mir wurde bewusst, dass ich während der gesamten Übung kein einziges Mal an das Geräusch im Ohr gedacht hatte. Ich hörte genauer hin. Es war leiser geworden. Ja, ich glaubte, es war leiser geworden. Ich blickte in die Runde. Die Gesichter der anderen wirkten weich wie Schafe. Dann lächelte ich Johanna an und nickte Clemens zu. Christian fragte, ob alles in Ordnung sei. Alle bejahten.

„Danke für euer Vertrauen", sagte er. „Gut gemacht."

„Ja, wirklich, sehr gut", sagte Julia und klatschte dreimal schnell in die Hände.

Christian schlug vor, künftig einmal pro Woche in dieser Konstellation zusammenzukommen, im Atelier, am gleichen Tag, zur gleichen Zeit. Wir waren einverstanden. Nur der eine, der Stotterer, sagte, er würde vielleicht nicht jedes Mal dabei sein k-k-können, da er Aufträge immer r-re-relativ kurzfr-fristig zugeteilt bek-k-k-komme, und danach müsste er s-sich eben r-r-richten. Christian sagte, das sei eigentlich nicht günstig, denn eine Kontinuität bei der Teilnahme sei wichtig und natürlich wünschenswert für einen günstigen Verlauf und im Sinne des individuellen Fortschritts. Der Stotterer nickte.

Christian und Julia begleiteten uns vor die Tür und mit im Aufzug nach unten. Im Innenhof hatte das Steuerrad am Nussbaum dessen Kurs nicht geändert. Nur der Wind war ein wenig stärker geworden. Auf der Straße verabschiedete ich mich von ihnen und sagte, dass es sehr interessant gewesen sei, und bedankte mich für ihre Gastfreundschaft. Dann verabschiedete ich mich noch einzeln von Clemens, M und dem Stotterer. Am Schluss von Johanna.

„Bis bald", sagte ich und gab ihr die Hand, „hat mich gefreut."

„Ja, mich auch", erwiderte sie, „bis nächste Woche."

Ihre Hand fühlte sich keramisch an. Ich drehte mich um und ging. Kein Ohrtoben, kein Tosen. Ich trug so etwas wie Sicherheit mit mir davon.

kreisverkehr im zwielicht. eine blumenlose insel, in der mitte steht auf braunem gras ein verwittertes stahlgebilde, ebenfalls braun, rostbraun, abstrakt und da und dort spinnwebenbepflanzt. der erste straßenarm führt ● nach rechts und bald an hügeln entlang, die den sonnenuntergang aufschlitzen. auf ihnen: dunkle baumreihen, geröll, dazwischen ein gehöft. am fuße eines hügels ist dann etwas beleuchtetes, belichtetes, in neonlichtkegeln aufscheinendes. es zerrt an der netzhaut. die eckzähne blecken, die schneidezähne schlagen aufeinander. sie imitieren fressen, denn sie antizipieren fleisch und blut auf dem kommenden grund und boden dort vorne, bei dem gebäude, wo viel

gelagert wird. wo das licht brennt. stromversorgte nahver-
sorgung. ● hat es im visier, das lagerhaus, ● nähert sich.
● erreicht das gebäude. die glastür schiebt sich vor ● zur
seite. ●, das dürre minotaurosfragment, hinkt hinein. ein
breiter, gerader gang zwischen metallgestelle hindurch, auf
denen plastikbehälter sitzen, aus denen geschlossene pflan-
zenblüten kränkeln. links von ● ein gang mit trägen ze-
mentsäcken, gestapelt auf holzpaletten. rechts von ● ein
gang mit sackkarren, einheitlich etikettiert. es wimmelt
von fairen preisen, auf die es sogar noch rabatte, prozente,
zeitlich begrenzte sonderangebote, dauerhafte preisreduk-
tionen, nachlässe für mitglieder gibt. einkaufswagen in
ketten, reisstrohbesen, weiße styroporkisten mit waschma-
schinen. ● geht nach links, biegt ab, geht nach rechts. geradeaus. jetzt nach links, und wieder nach links. sackgasse,
totes ende vor einem holzkohlegrill. ● macht kehrt, geht
nach rechts, dann nach links. erneut ein totes ende. die
versuche von ● vermehren sich, werfen junge. geradeaus.
nach rechts. wieder nach rechts. geradeaus. nach links. ●
hat keine anhaltspunkte, nur fluchtpunkte, die sich nicht
einlösen lassen, denn auch das fliehen ist bereits vor sich
selbst geflohen. ● kommt nirgendwohin. aber da: ein klappern. dort hinten. ● ist ganz ohr. das klappern ist laut, und
es wiederholt sich. es klappert blechern. erneut. ● navigiert
dem geräusch hinterher. das geräusch wiederholt sich. die
schneidezähne schlagen wild aufeinander.

Die restlichen Tage, an denen der Sohn noch krank ge-
schrieben war, verbrachte er vorwiegend in seiner Wohnung. Nicht so sehr wegen der Befürchtung, jemand von
der Arbeit könnte ihm irgendwo zufällig begegnen und
würde ihn dann bei der Geschäftsführung anschwärzen

(„Krankenstandbetrüger" oder so ähnlich). Der Gedanke kam ihm zwar auch, doch der Hauptgrund war eindeutig der eben erst eingezogene, zerbrechliche Anflug von Sicherheit, mit dem er vorsichtig umgehen wollte. Ihr Aufenthalt sollte nicht gefährdet, sondern im Gegenteil so weit wie möglich in die Länge gezogen werden.

An einem Vormittag ging er einkaufen, vorsichtshalber mit einem Tuch um den Hals, falls es Erklärungsbedarf geben sollte. Er besorgte sich eine Dose Hautcreme, eine neue Pinzette, eine Nagelfeile, einen gelben Bimsstein, eine Zehnerpackung Einwegrasierer, eine Körperlotion, ein spezielles Antischuppenshampoo, ein Antistressgel für das Gesicht und eine Dose Haarwachs. Am Nachmittag wendete er die Produkte an, duschte, wusch sich die Haare und das Gesicht, rieb sich mit dem Bimsstein die überschüssige Hornhaut von den Fußsohlen, rasierte sich vor dem Spiegel die Achselhaare und die Schamhaare und die Afterhaare, danach rasierte er sich die Beine und die Oberarme und zupfte mit der Pinzette nach, wenn ein Haar den Klingen entkam. Dann cremte er sich das Gesicht ein und bedeckte auch die frisch entstandene Glätte des übrigen Körpers mit der Lotion. Am Ende feilte er sich Zehen- und Fingernägel, die zwei Abgekauten an der linken Hand sparte er aus. Hygienetag, Körperpflegetag. Er stand vor dem Badezimmerspiegel und sah zu, wie die Lotion in die Haut seines linken Unterarms einzog. *Durstig, die offenen Poren. Kein Wunder. Hab euch ja ordentlich vernachlässigt. Aber macht euch keine Sorgen. Nachschub kommt bald, meine Kleinen. Jetzt wieder regelmäßig.*

Gegen 19 Uhr erhielt er einen Anruf von Peter Fink, einem ehemaligen Schulkollegen, der einzige aus seiner Abschlussklasse, mit dem er noch ab und zu in Kontakt war, den er aber im letzten halben Jahr, und zwar schon vor *dem Verbot* des Vaters, aus verschiedenen, säuberlich zurechtgelegten Gründen mehrmals versetzt hatte. Ein populärer Grund war, dass Peter F., ein IT-Spezialist für ECM und App-Programmierer, nicht nur sehr, sehr gerne und sehr, sehr ausführlich von seinem Beruf erzählte, sondern auch nichts ausließ, wenn es um seine Hobbys ging. Eines davon war neben dem Sammeln von Superhelden-Legofiguren zum Beispiel das Schreiben von kurzen Erzählungen in Creative-Writing-Seminaren. Für die Schublade bzw. den Freundes- und Verwandtschaftskreis zwar, aber immerhin. Das hatte den Sohn zwar anfangs interessiert, aber als er merkte, dass in Peters Erzählungen ausschließlich Figuren vorkamen, deren Schicksale so maßlos traurig, trost- und ausweglos und so einseitig brutal waren, so voll von sinnloser Gewalt, dass es einem die Sprache verschlug und man kaum bis zum Ende lesen konnte (wie zum Beispiel die Geschichte eines jungen Waisen namens Johnny B. Goode, der mit einer LKGS-Spalte zur Welt kommt und auf seinem Weg durch eine furchtbare Kindheit ins Erwachsenenalter nur Missbrauch, Vergewaltigung, Schläge und Verstümmelungen von seiner Pflegefamilie auf einem Bauernhof erfährt, wobei diese Grausamkeiten bis ins kleinste Detail geschildert werden, jedes Zigarettenausdrücken auf den Armen und an den Brustwarzen und auf der Vorhaut, jeder Schlag mit dem Gürtel, der Peitsche oder dem Ochsenziemer, bis der Junge alt genug wird, um fortzugehen in die Stadt, allerdings ohne einen Cent in der Tasche zu haben, und so geht er irgendwann auf den Strich, was wiederum furchtbar für ihn ist und ihn heroinabhängig und schrecklich einsam werden lässt, woran er fast zugrunde geht, aber eben nur fast, denn vorher taucht ein Freier auf,

der ihn fast erwürgt, und ein Dealer, von dem er fast tot ge-
prügelt wird, woraufhin er, verletzt und in einer Blutlache
in einer Gasse liegend, von einer ebenfalls heroinabhän-
gigen, warmherzigen Straßenmusikerin gefunden wird, eine Musikerin mit dem schönen Künstlernamen Joy, die
ihn zu sich nimmt und sich um ihn kümmert und in die er
sich verliebt, die dann ein paar Wochen später betrunken
einem kleinen Mädchen in die Hüfte fährt, Fahrerflucht
begeht und sich daraufhin mit einer Gitarrensaite etc.; oder
zum Beispiel ein Porträt der Familie Brandt, die von einem
totalitären Staatsapparat in der Vergangenheit oder der Zukunft – das weiß man nicht genau und tut für den Verlauf
der Erzählung auch nichts zur Sache – auseinander gerissen wird, weil der älteste Sohn und der Vater aufgrund einer hinterhältigen und nach dem Zufallsprinzip arbeitenden Sündenbockstrategie, bei der ein digital manipuliertes
Foto eine entscheidende Rolle spielt, vom allmächtigen Ge-
heimdienst zu den zwei Drahtziehern einer Untergrund-
bewegung erklärt und beschuldigt werden, den drei meist-
gesuchten Rebellen Unterschlupf zu gewähren oder sie zumindest zu decken, woraufhin es sowohl zum Zerfall von
Mutter und Tochter kommt, die versteckt im Haus zurückbleiben müssen, dann aber gefunden und mit dem verbliebenen, braun-weichen Bananen aus der Obstschale anus-
vergewaltigt werden, was aber letztlich eher einem demüti-
genden rektalen Beschmieren als einem brutalen Schmer-
zenzufügen gleichkommt, bevor man sie in ein abgelegenes
und mittlerweile aufgelassenes Parkhaus überstellt, wo ihnen die Geheimdienstler, ebenfalls ganz klassisch, mit thu-
jenfleckigen Heckenscheren und einer Mischung aus heite-
rem Spaß und Pflichterfüllung Haare, Brüste und Schamlip-
pen anritzen, als auch zum Zerfall der in einen abgelegenen

Verhörraum gebrachten Männer, die wochenlang die unterschiedlichsten psychischen und physischen Foltermethoden ertragen müssen, Methoden, die das gegenseitige Misstrauen so lange schüren, bis es in einem großen Verrat gipfelt usw.), hatte sich allmählich sein Interesse gelegt. Peter hatte zwar oft gesagt, die Drastik seiner hyperrealistisch geschilderten Erzählungen sei unerlässlich, denn sie sollten wachrütteln und nicht nur die paar Leser aus seiner näheren Verwandtschaft, sondern auch ihn selbst während des Schreibens *authentisch* an jene Menschen erinnern, die viel schlimmere Schicksale erlitten haben. Man müsse alles *zeigen*, um ihnen eine Stimme zu geben, ihnen Gehör zu verschaffen, um Zeugnis für diese übersehenen Menschen im Abseits abzulegen. Er wolle die bittere Härte der Realität zeigen, so wie sie ist. Die wahre, die erbarmungslose Realität des Lebens.

Der Sohn hatte ihm ein Mal in einem günstigen Moment bei einem gemeinsamen Kaffeehausbesuch zu sagen versucht, was ihn daran störte. Er hatte ihm, natürlich so vorsichtig wie möglich, zu verstehen gegeben, dass er seiner Meinung nach den Leser/die Freunde/die Verwandtschaft regelrecht erpresserisch dazu zwinge, sich voyeuristisch am ästhetisierten Leiden, an den Schicksalen anderer aufzurichten – etwas anderes ist das doch nicht, hatte er gesagt, nichts anderes als ein tröstlicher Appell an die eigene Zufriedenheit: Alles eigentlich halb so schlimm, mir geht es ja eigentlich ganz gut im Vergleich. Dieser leisen und schaumgebremst geäußerten Kritik hatte Peter anfangs nichts entgegnet. Sie dürfte aber in ihm gearbeitet, ihm keine Ruhe gelassen haben, denn ein paar Wochen später fand der Sohn ein paar notdürftig zusammengeheftete Zettel in seinem Briefkasten: eine neue Erzählung von Peter mit dem Titel

„Maiglöckchenterror" und folgendem Satz im Begleitschreiben (ohne Grußformel, ohne Grüße am Ende, ohne sonstige Floskel): „Wenn uns die Klageweiber das Weinen und Klagen, und wenn uns die Lachkonserven der Sitcoms das Lachen abnehmen können – können uns dann gewalttätige, literarische Darstellungen nicht irgendwann auch das Töten, das Abschlachten, die Wut, die Gewalt und die sadistische Grausamkeit abnehmen?"

„Maiglöckchenterror": eine Parabel, mit braven, barocken Bildern aufgeladen, die so opulent, widerlich weich und süßlich mild daherkamen, dass ihre fahlzuckrigen Geschenkpapierfarben einzig und allein Werbung für den geschönten Verfall und für die geschönte Vergänglichkeit machten. *Vom brutalen Regen in die Memento-mori-Traufe. Bequemer und pompöser und langatmiger und feierlicher und ästhetisierter Endzeitjargon.* Da hieß es zum Beispiel gegen Ende:

> „Das Unaussprechliche – es scharrte und kratzte um Mitternacht am Fenster und dann an einer Stelle seines Herzens, kratzte dort die Schale auf, die Rinde ab, und gravierte ein rabenschwarzes Loch hinein. Darin versank er nun und versank endgültig mit seiner Seele, mit all seinen Leidenschaften und mit den Ruinen, in die er sich eingelebt hatte, versank er nun begleitet von den Trompeten der Cherubine, die anderswo eine goldene Leiter hinunterstiegen. Nichts weiter mehr."

Zu üppig, und das Ende von Poe gestohlen. Gesagt hatte er ihm das nicht, das wäre zu viel Kränkung für die sensible Künstlerseele gewesen und hätte wahrscheinlich mühsame und langwierige Diskussionen nach sich gezogen. Der Sohn hatte aber gedacht: *An den Knackpunkten seiner Geschichten und nicht an seiner Redseligkeit ... an ihnen liegt es ... das sind die berechtigten, die triftigen und auch einzig wahren und ausschlaggebenden Gründe, warum ich mich nicht mehr mit ihm treffen will.* Dieser Gedanke hatte dem Sohn das angenehme Gefühl gegeben, sowohl im Recht zu sein als auch auf der Seite der Gerechtigkeit zu stehen. Für die Figuren in den Erzählungen. Dass es aber meistens einfach nur reine Bequemlichkeit gewesen war, die ihn lieber zu Hause hatte bleiben lassen, verschwieg er sich – er ließ es sich nicht einmal penumbrahaft ins Bewusstsein kommen.

Nun hörte er Peter durch das Smartphone sagen, dass sie sich schon lange nicht mehr gesehen hätten, er hörte ihn fragen, was bei ihm los sei und ob er heute noch spontan etwas trinken gehen möchte, denn er hätte Neuigkeiten, ein aktuelles Schreibprojekt betreffend. Der Sohn antwortete, dass bei ihm alles bestens sei, nur in der Firma gebe es wieder einige Ärgerlichkeiten, also alles wie immer, alles beim Alten, nichts Neues, nichts Aufregendes, und ansonsten sei auch alles soweit klar, nur könne er heute Abend leider nicht, da sich die Arbeit in der besagten ärgerlichen Firma meterhoch stapeln würde und er noch nicht einmal die Unterlagen für das morgige Meeting zusammengestellt habe. Beim nächsten Mal dann gern. Peter murmelte ein „Schade" und sagte noch, dass es nun an am Sohn liegen würde, sich zu melden – mehr würde er gar nicht dazu sagen wollen.

Der Sohn konnte sich nur ansatzweise in ein schlechtes Gewissen hineindenken, denn kaum hatte Peter aufgelegt, klingelte es erneut. Dieses Mal zeigte das Display nur eine Nummer an, keinen Namen. Er legte das Smartphone wie eine glitschige Raspel auf den Wohnzimmertisch. *Soll es klingeln. Wahrscheinlich nur ein Call-Center-Anruf, Umfrage oder Gewinnspiel.* Die Raspel verstummte. Er dachte an Peter und an den jungen Stricher, dann verließ er das Zimmer

und ging zum Bad, um eine weitere Schicht Lotion aufzu-
legen. Gerade als ihm dort die weiß schimmernde Flüssigkeit in die Handfläche tropfte, hörte er wieder das Klingeln. Er ging zurück ins Wohnzimmer. Wieder die fremde
Nummer. Er griff nach dem Smartphone, das seinen noch
lotionfettigen Fingern entglitt und den weichen Teppich
küsste. Er hob es auf. Es war nun wirklich glitschig, und er
raspelte heiser ein „Hallo?" hinein.

„Warum hebst du nicht ab?", fragte die Stimme der Mutter.

„Ah, *du* warst das", sagte der Sohn.

„Ja, ich hab mir heute in der Stadt ein neues Handy besorgt."

„Aha", sagte er.

„Ich wollte mich nur mal wieder bei dir melden", sagte
sie. „Wir haben uns ja schon länger nicht mehr gehört."

„Na ja", antwortete er, „du hast ja auch gesagt ..."

„Was hab ich gesagt?"

„Nichts. Aber ... wie hätte ich dich erreichen sollen, du
hast ja schließlich den Akku ..."

„Immer mit der Ruhe", sagte die Mutter. „Das war kein
Vorwurf. Nimm nicht alles immer gleich so persönlich."

Er atmete nicht.

„Ja", sagte er.

„Gut", sagte die Mutter. „Also, wie geht's dir?"

„Gut", sagte der Sohn.

„So einsilbig brauchst du jetzt aber nicht sein", sagte sie
und lachte.

„Ich bin müde", sagte er, „sonst nichts."

Warum lacht sie?

„Von der Arbeit?", sagte sie.

„Ja, unter anderem. Es ist momentan ziemlich viel zu tun.
Viel zu denken. Ich hab auch wieder mit der Philosophie
begonnen."

„Aha", sagte die Mutter. „Was machst ..."

„Und bei dir?", fragte er schnell. „Wie steht es bei dir?"

„Viel besser", sagte sie, „danke. Es geht mir gut. Um nicht zu sagen: *sehr* gut."

Pause. Er atmete nicht.

„Aha", sagte er, „freut mich. Freut mich zu hören."

Er hörte eine Windböe gegen das andere Ende der Leitung zischen.

„Hallo?", sagte die Mutter.

„Ja", sagte er, „ich bin noch dran. Hörst du mich?"

„Ja", sagte sie, „jetzt höre ich dich wieder."

„Wo bist du?", fragte er. „Bist du unterwegs?"

„Bin gerade auf einem Abendspaziergang. Schön ist es hier am Waldrand. Nur ein bisschen windig. Es liegt schon viel Laub. Viele schöne Herbstfarben."

„Gehst du allein?"

„Ja. Spazierengehen tut mir sehr gut. Es sind nun mal die kleinen Dinge des Lebens, die das Leben lebenswert machen."

„Ja", sagte er. „Gut."

Pause. *Ihr geht es* sehr *gut. Der Vater liegt im Heim und wird zum Idioten, und ihr ... ihr geht es sehr gut.*

„Am Sonntag war ich übrigens wieder einmal in der Kirche", sagte sie. „Das war auch sehr schön. Sehr beruhigend."

„Gut", sagte er.

„Stör ich dich bei irgendwas?", fragte die Mutter.

„Wie kommst du darauf?"

„Nur so."

„Nein, du störst nicht."

„Kommst du nächste Woche?", fragte sie.

„Wann wäre es dir recht?"

„Jederzeit."

„Dann werde ich schauen, dass ich am Mittwoch vorbei-
komme, gegen Abend", sagte der Sohn. „Davor werde ich
ihn noch im Pflegeheim besuchen."

Kurze Pause.

„Soll mir recht sein", sagte dann die Mutter.

„In Ordnung", sagte er. „Dann ... bis nächste Woche."

„Ist wirklich alles okay?", fragte sie.

„Ja", sagte er. „Alles okay. Noch einen schönen Spazier-
gang. Bis nächste Woche."

„Danke", sagte die Mutter. „Dir auch noch einen schönen Abend."

Der Sohn legte auf und schrie laut wie ein Hamlet die
Smartphonekamera und das fettig glänzende Smartphone-
display an, dessen Schutzfolie trotz Antireflexionsgarantie
sein Gesicht plausibel und unverschlüsselt spiegelte, er schrie,
dass sie eine Fotze sei, die Mutter, eine Fotze und eine dreckige Hure und eine dreckige Sau, der man noch die ver-
fickten Titten abschneiden und die Fotze zunähen solle, bevor man sie verbrenne.

das blecherne geräusch wiederholt sich, drei regalreihen
weiter hinten. es klappert. einziger reiz im lagerhaus. einziger magnet. der körper wittert nach vorne. das geräusch
wiederholt sich, zwei regalreihen weiter hinten. es klappert.
● hinkt voran. die augen geifern blut bei den wiederholungen des geräuschs, sie sind fahrig und finden kein funda-
ment, ihre blicke sind auf sand gebaut und stochern wahl-
los die regale ab. das geräusch wiederholt sich, eine regal-
reihe weiter hinten. es klappert. nicht mechanisch. die augen finden keinen halt. und ● lässt sich auch nicht aufhalten von der kraft am land, von den ursprünglichen kräften
am land, die dieses ländliche gebäude beseelen. die augen

sezieren nichts. sie gleiten ab – an den schlagbohrmaschi-
nen, an den gewächshäuserteilen, an den zaunpfählen. das
geräusch wiederholt sich weiter hinten, und die augen gleiten über die baustoffe zum bauen & sanieren, über die kom-
postbeschleuniger, über die vertikutierer, das geräusch wiederholt sich weiter hinten, sie gleiten über die rostlöser, die
abkalbemelder, die heckenscheren, das geräusch wiederholt
sich, die augen gleiten über die zapfwellengeneratoren,
über die montageschaumdosen, über die blumenerdesäcke,
über die natursteine, über die grüngrauen arbeitsbekleidun-
gen, das geräusch wiederholt sich, sie gleiten über die laub-
sauger, über die rasentraktoren, über die plastikgartenmöbel,
über die abdichtungen, über die dicht- und klebemassen,
über die biomassen. es klappert. wärmer. wärmer. doch plötzlich wechselt es den standort. nun hat ● das geräusch hinter
sich. und der körper folgt, dreht sich um, geht zurück. an
insektenschutzgittern entlang und vorbei an aluminium-
anlegeleitern, an holzlasurdosen. das wärmere geräusch wiederholt sich wärmer, und die augen gleiten über dunggabeln,
fächerbesen, zaunblenden, das wärmere geräusch wiederholt sich wärmer, sie gleiten ab an wäschespinnen, an kabel-
trommeln, an frostschutzmitteln, an scheibenenteisern, das
wärmere geräusch wiederholt sich noch wärmer, die augen
gleiten ab an dämmstoffen, an fassadenplatten, an silikon-
tuben – das wärmere geräusch ist verdampft. es wiederholt
sich nicht. es ist verschwunden. ● beginnt erneut, ziellose
kreise zu ziehen, im zentrum des gartencenters, eine sich
in die länge ziehende weile lang. der rote faden ist unter
neonlicht gerissen. neben hellen duschvorhängen.

Er legte sich in das ungemachte Bett, spreizte die Finger auf
dem weißen Laken und starrte an die Decke. *Etwas passiert.*

Was passiert da? Was passiert da? Was ist passiert? Er schlug
sich fünfmal mit der geballten Faust hart gegen die Schläfe.

In dieser Nacht schlief er schlecht. Immer wieder wachte
er auf, mit schweißnasser Stirn. Seine Gedanken köchelten
wie Kronkorken an der Oberseite des Schlafes, ohne hin-
abzusinken. Der Köter seines linken Ohrs hatte sich gegen
halb drei aufgerichtet, hatte an der brodelnden Suppe ge-
schnuppert, als wäre noch Fleisch auf ihren Rippen gewesen. Nein, sie waren abgenagt. Unter den schaumbedeck-
ten Lefzen knurrte es; das Knurren: jenes Signal, das die
Wiederauferstehung des ANGSTgetöses ankündigte. Der
Sohn versuchte, die Vision zu vertreiben. Er versuchte, ruhig zu atmen. Er versuchte, den Atem zu zählen. Er stellte
sich die Zahlen vor. Er stellte sich vor, dass auch die Zahlen
atmeten. Bis 347. Dann stellte er sich eine Leere vor. Über die
geschlossenen Lider ließen innen die Arterien ein Schnee-
gestöber rieseln. Der Schnee weichte die Leere auf. In sie
hinein drängte sich dann das Telefonat. *Ihr geht es* sehr *gut
da am Stadtrand.* Er sah die Mutter dort, im Haus. Er sah,
dass alles bei ihr in Ordnung war, sah sie in der Küche,
sah ihre Gelassenheit. *Ihre Gelassenheit ... Ihre gnadenlose
Gelassenheit ...* Er dachte an den Vater, der woanders allein
war. Obwohl er wusste, dass er nicht träumte, zwickte er
sich unter der Decke fest in den Oberarm, damit er sich
dann etwas anderes vorstellen konnte, sich an etwas anderes erinnern konnte, nämlich wie es gewesen war, auf
der Unterlage zu liegen, auf den weichen blauen Matten in
Christians Atelier, neben Johanna, die nach grünem Tee
gerochen hatte. Er erinnerte sich an die Wärme, die ihm
wie ein pneumatischer Mantel über seinen Rücken gekro-
chen war. Er stellte sich vor, wie es nächste Woche sein
würde, beim zweiten Treffen. Dann trieben die Kronkorken

nach unten. Fast. Der Wecker piepte. Draußen wurde es hell.

In der Firma schnurrte der Kopierer. Es war nicht viel Arbeit liegen geblieben, nur ein paar E-Mails, die beantwortet werden mussten. Der Spam-Filter hatte sein Postfach ordentlich vom Großteil der Phishing-Nachrichten gesäubert. Eine weitere Woche zu Hause, niemandem wäre es aufgefallen. *Ha.* Er klickte auf den „Gelöschte Objekte"-Ordner und entleerte ihn. Vorne neben dem beschäftigten Multifunktionsdrucksystem kontrollierte eine Kollegin, Vanessa E., zuständig für die Key-Accounts, gerade die Absätze ihrer High Heels auf Schmutzablagerungen. Als sie damit fertig war, streichelte sie weitere Originale in den automatischen Einzug, der die Blätter dem sich an ihr Bein schmiegenden Gerät doppelseitig einverleibte, und wandte sich daraufhin der neuen Sekretärin zu. Mit den fertigen Kopien fächelte sie Wortfetzen im Raum herum, einige davon gelangten zerschnitten und vom Schrägstrichgeräusch der Maschine verstümmelt bis zum Schreibtisch des Sohnes:

„sophisticated coolness, hier, oder / im Sinne von urban / auch mit den schrägen Graffitis und / eine riesige Zunge leckt / grün, gigantisch, über die Warzen, ja / irgendwie igitt / das berauschende Gift, klar / bei der Brücke, wo auch das Café / der nämlich dort arbeitet / ein Freund / oder besser: dort gearbeitet hat / nun ja / denn letztens / im Café hat er mir dann / und dann plötzlich nebenbei / ein Abschied, hat er / bald, denn / in ein Provinznest zieht / ihn / in ein Nirgendwo / alleine / Frau, und ohne Kinder, und / niemanden, den er kennt / aber ich / ich weiß es nicht, wieso man / ausgerechnet / der sich in der Stadt immer so / das habe ich ihm auch so gesagt, und / ich nicht auf Besuch kommen werde / weil am meisten hat es mich verletzt, dass er es mir / am Ende erst / soll er gehen, wenn er meint, dass er dort / nur ein guter Freund ist / und er ist nur ein guter Freund, denn / schon sehr lange / aber / einfach ein Must, sage ich dir / dass man das kulturelle Angebot hier mit / Vernissagen, Lesungen, Konzerte / in der Stadt nutzt / effektiv nutzt / und vielleicht möchtest du ja einmal / zusammen / bei der Work-Life-Balance schwierig / ich eigentlich sagen wollte / jetzt kurz weg muss / wegen dem Ethiopia-Yirgacheffe-Kaffee / zur Neige / wie ein westafrikanischer Voodoozauber und / fällt mir wieder ein / die Graffiti-Kröte / aber das berauschende Gift / ist eher wie die Liebe / ich dir was mitbringen / einen Java Chip Frap? Nein? Gut." Ihre Absätze klackerten aus dem Büro.

Der Sohn saß gebannt am Schreibtisch, mit fast waagerechter Blickachse, geradem Rücken und einem 90-Grad-Winkel zwischen Ober- und Unterarm sowie Ober- und Unterschenkel. Der Bildschirmschoner drehte und wendete dem Monitor unablässig verschiedenfarbige, geometrische Figuren durch seine fast sehnsüchtige Erinnerung an eine spärlich beleuchtete und unbebilderte MS-DOS-Dunkelheit. Für Sekundenbruchteile tauchte ein Wal auf und verschwand gleich wieder in der Geometrie. Er überlegte, warum seine Haut heute so empfindlich war. *Hab ich allergisch auf die Lotion reagiert? Oder etwas stimmt mit der Dosierung nicht.* Er überlegte, ob er heute morgen PRAM® genommen hatte. Er wusste es nicht mehr. *Wie kann man so etwas vergessen. Das ist keine fünf Stunden her. Denk nach. Du bist heute kaum aus dem Bett gekommen, hast es dann doch irgendwie geschafft, bist ins Badezimmer gegangen, hast dich geduscht und angezogen, danach den Kaffeefilter in die Maschine getan, Wasser eingefüllt, Toastscheiben in den Toaster gesteckt, und am Tisch dann … das gibt es nicht. Komm, denk nach.* Auf dem Monitor entblätterte sich eine grüne Linie und wurde zur Strafe gleich kurz danach aufgespreizt und bunt ausgewalzt. Währenddessen hatte der Kopierer das Schnurren eingestellt und sich im Winkel zusammengerollt. Der Sohn dachte angestrengt nach, rekapitulierte angestrengt den übernächtigten Morgen. Er ging das Abgelaufene noch einmal durch. Nein, er erinnerte sich nicht. Er erinnerte sich nicht, ob er die Tablette heute genommen hatte. Eine Wärme wich aus seinem Rücken. Die Atelierswärme. Er musste an das Heim und an den Vater denken. Dann ging er zum Schreibtisch der Sekretärin und presste hervor, dass er sich nicht gut fühlte, wohl wieder ein Fieberschub, ein neues Aufflackern der Verkühlung, die er wahrscheinlich verschleppt habe, er sei wohl zu früh wieder zur Arbeit gekommen, darum müsse er jetzt gehen, aber er werde sich sofort melden, wenn er bei seiner Ärztin gewesen sei. Die Sekretärin zuckte mit den Schultern, sagte „Oje" und wünschte ihm „Gute Besserung".

Kapitel 7

irrlichternd zwischen produkten aus regional verankerten betrieben. da, plötzlich, wieder das geräusch. laut, warm, in der nähe. ● wendet sich um. es ist von dort drüben gekommen. es wiederholt sich. es kommt von dort. das dort bleibt dort. es bleibt dort. es wandert nicht mehr. das geräusch hat eine quelle. ein dort. bei den duschvorhängen. ● ist fast da. ● verfängt sich. ● strauchelt. ● stürzt. ● schlägt am boden auf. ● liegt am boden. der kiefer schert über den boden, klappt auf und zu. etwas schweres setzt sich auf den rücken von ●. es ist kein hochkommen, kein aufrichten, kein dagegenstemmen möglich. etwas presst kopf, oberkörper, unterkörper flach nach unten. insekten fliegen vom fleisch auf, die arme wollen auch auffliegen, werden aber nach hinten auf den rücken gebogen und festgehalten. die beine wollen sich frei strampeln, werden aber nach oben gebogen und festgehalten. ein knochen bricht, er knackt laut. ● wird verankert und verhaftet. ● hat niemanden gesehen. das gesicht von ● liegt mit einer wange im eigenen speichel und in schwarzer organflüssigkeit. jetzt sieht ● ein lederstiefelpaar nahe des am boden plattgedrückten gesichts. der kiefer schnappt nach den stiefeln. sie sind außer reichweite, am anderen ende der welt. das geräusch ist verschwunden.

Der Vater saß im Aufenthaltsraum am Fenster. Das Fenster war geschlossen. Über seine Beine war eine Decke gebreitet. In seiner Armbeuge hatte er eine Nadel stecken, die über eine durchsichtige Pipeline mit einem durchsichtigen

Beutel in Verbindung stand und durchsichtige Flüssigkeit in den Körper träufelte. Der Beutel war fast leer und hing jetzt annähernd ausgedient und geruchlos wie ein steriler Blasebalg oder ein ehemaliges Furzkissen am Gestänge. Draußen neigte sich die Sonne, im Garten würden die Bäume bald ihre schrägen, langen Schatten veräußern. An einem anderen Tisch spielten zwei alte Männer wortlos Mensch-ärgere-dich-nicht.

Der Sohn zog einen Sessel heran und setzte sich neben den Vater. Der Vater schaute nicht auf. Er saß ruhig da, mit verzahnten Händen am Schoß, und nahm keine Notiz. Man hatte sein Gesicht kahl rasiert, seinen Vollbart nicht nur gestutzt, sondern bis zur Haut abgeschoren, wahrscheinlich aus Hygienegründen. Und man hatte ihm einen in die Weite geleierten, fliederfarbenen Pullover angezogen, der sich am Kragen bereits auftrennte. Ein loser Faden hatte sich an seinem dürren Geierhals in eine Falte gelegt. Der Pullover schlotterte an ihm wie an einem stummen Diener; der Vater hätte den Stoff nicht einmal Seite an Seite mit dem Duplikat seiner selbst ausgefüllt. Erst als der Sohn seine Schulter berührte, drehte er den Kopf.

„Wie geht es dir?" – „Wie geht es dir?" – „Hörst du mich?" – „Geht es dir gut?" – „Behandelt man dich gut?" – „Wie ist das Essen? Besser?" – „Ich komme gerade von der Arbeit. Bin früher gegangen. Hab's nicht mehr ausgehalten." – „Ist Mama mal hier gewesen?" – „Hat dich Mama besucht?" – „Also nicht." – „Habt ihr ..." – „War irgendwas, zwischen euch?" – „Sie hat gesagt, dass es ihr *sehr* gut geht." – „Am Telefon hat sie das gesagt. Es geht ihr sehr gut." – „Sie macht jetzt Spaziergänge am Abend durch Herbstlaub. Kannst du dir das vorstellen?" – „Verstehst du mich? Was war zwischen euch?" – „Sie ist glücklich. So hat sie sich jedenfalls angehört." – „Hörst du mich? Hörst du mir zu? Rede mit mir!"

„Telefonzelle", sagte der Vater plötzlich und außerirdisch.

Der Blasebalg begann unruhig zu schlenkern, als der Vater seine ineinander verbissenen Hände voneinander trennte und auf die Natur draußen zeigte. Das Ding wirkte durstig und ausgelaugt. Der Sohn hörte, wie drüben einer der Mensch-ärgere-dich-nicht-Spieler mit den Fingerkuppen ein Klavierstück vor sich auf die Tischplatte trommelte. Allegretto spiritoso.

„Was?", fragte der Sohn ungläubig.

Das durchsichtige Furzkissen stopfte vom Gestänge seine allerletzten Tropfen nach unten und in den Vater hinein, dann verdurstete es mit einem kurzen Hin- und Herbaumeln matt in eine Ruhe.

„Was?", wiederholte der Sohn. „Was meinst du mit ‚Telefonzelle'?"

Auch das Klavierstück von drüben hängte sich auf.

„Was meinst du damit?", fragte der Sohn mit Nachdruck. „Hat sie hier angerufen? Habt ihr miteinander telefoniert?" Er musste sich zurückhalten, um den alten Mann nicht bei den Füßen zu packen, kopfüber hochzuheben und die Wörter aus ihm herauszuschütteln. „Soll ich Mama anrufen? Willst du mit ihr reden?"

Der Vater wackelte mit dem Kopf und nuschelte: „Durch den Türspalt."

Mehrere Mensch-ärgere-dich-nicht-Farbenfiguren schrammten über das Spielbrett und kullerten in die heimatliche Box zurück. Bei ihnen am Fensterbrett nahm das Gesellschaftsspiel nun erst richtig Fahrt auf.

„Durch den Türspalt ...", sprach der Sohn dem Vater nach. „Unter der Tür. Der Türspalt unter der Tür. Jemand hat dir etwas unter der Tür durchgeschoben", riet er weiter, in der Hoffnung auf einen Fingerzeig hin zur korrekten Auflösung.

„Einen Brief", sagte der Sohn erwartungsvoll. Im Gesicht des Vaters geschah nichts, was man als Abwehr oder Ermutigung hätte auffassen können. Stattdessen bohrte er in der Nase. Der Sohn wollte dennoch auf dieser Spur bleiben und ließ nicht locker.

„Hast du einen Brief von jemandem bekommen? Von wem? Von jemandem, den du gern hast, vielleicht? Von ihr?"

Der Vater steckte sich den linken Daumen in den Mund und nuckelte kurz daran. Und dann schüttelte er plötzlich den Kopf, machte mit dem Daumen im Mundwinkel ein Plopp-Geräusch, hustete und wiederholte mit belegter Stimme: „Durch den Türspalt."

Dem Sohn war das genug – er fühlte, wie eine mächtige Bestätigungsschar in ihm aufflatterte und sich zu einer Überzeugung formierte. *Da gibt es etwas. Es ist verschüttet, aber noch da. Er will mir etwas sagen. Er will mir irgendetwas sagen. Nur tut er sich schwer damit.*

„Versuch es weiter", spornte er den Vater an. „Durch den Türspalt, hast du gesagt. Ich hör dir zu. Sprich weiter." – „Du hast gesagt: Durch den Türspalt. Welchen Türspalt meinst du?"

Der Vater hob kurz die linke buschige Augenbraue, dann schüttelte er wieder den Kopf, lachte gurgelnd und verdrehte die Augen, um ihm daraufhin in der Art eines Zauberers zu zeigen, dass er nichts in der rechten Hand hielt, bevor er diese unter der Decke verschwinden ließ und sie dort im Schritt auf und ab bewegte.

„Ich glaube, ich weiß, was du meinst ...", sagte der Sohn langsam. „Unter der geschlossenen Tür kann jemand einen

Brief durchschieben, durch den Spalt zwischen Tür und Boden. Eine Nachricht. Hm. Oder ... oder man kann etwas beobachten ... wenn die Tür nicht geschlossen ist, sondern nur angelehnt. Meinst du das? Meinst du den senkrechten Spalt zwischen Tür und Türrahmen? Geht es um den?" Der Sohn beugte sich näher an das Ohr des alten Mannes. „Hast du etwas gesehen? Sag jetzt. Was hast du beobachtet?"

Der Vater lachte nicht mehr. Seine Mundwinkel fielen bulldoggenschlaff nach unten. Er sah den Sohn noch einmal kurz von der Seite an, dann wandte er sich dem Draußen zu, den mittlerweile schattenlosen, selbst zu Schatten gewordenen Abendbäumen im Park oder einem Nichts. Die anderen beiden Spieler hatten vor wenigen Minuten hintereinander den Aufenthaltsraum verlassen. Es war unklar, wer das Spiel gewonnen hatte oder ob es überhaupt bis zum Ende gespielt worden war. Der durchsichtige Beutel war zusammengeschrumpelt und in der Luft vertrocknet. Er hatte sich nicht getraut, das Blut des Vaters einzuatmen, um sich wiederzubeleben.

„Ich muss jetzt gehen", sagte der Sohn. „Pass auf dich auf. Bis nächste Woche."

Er stand auf und verließ den Raum und das Gebäude. Er dachte, dass etwas stattgefunden hatte. Dass da etwas gewesen war. Eine Kontaktaufnahme. *Er hat mir etwas sagen wollen. Etwas Bedeutsames. Etwas Sinnträchtiges. Ein verschlüsselter Sinn – ein zu entziffernder. Und der wird sich schon noch zeigen und sich entziffern lassen. Ich muss nur tief genug graben. Er hat mir, seinem Sohn, etwas sagen wollen. Er hat gespürt, dass ich ihn verstehen kann, wenn ich mich anstrenge. Da ist eine gewisse Gemeinsamkeit, die man nun mal hat, in der Familie, biologisch, genetisch. Ansonsten hätte er geschwiegen. Er hat gewusst, wer ich bin. Er hat mir etwas sagen wollen, mir. Telefonzelle, Türspalt, beide zusammen ... wofür stehen die beiden, die Telefonzelle und der Türspalt, die und der, sie und er, die Zelle und der Spalt ... Vielleicht irgendwas, das mit der Mutter zu tun hat, irgendwas, das sie nicht sagen kann und das der Vater nicht sagen kann.* Er stellte sich einen hellen Türspalt vor, am entfernten anderen Ende eines dunklen, poltergeistbedrohten Kinderzimmers, und dann stellte er sich einen abgehalfterten, silbernen Kabinenquader vor, an dessen Hinterwand ein alter, metallischer Münzfernsprecher ungeduldig mit dem Geldrückgabefach klapperte wie ein Nussknacker, weil er nicht mehr mit sich selbst telefonieren wollte.

Als der Sohn dann aber das Ende des kurzen Kiesweges erreichte und noch einmal über den Garten auf die altersmild leuchtenden Fenster des sozialen Gebäudes zurückblickte, veränderte sich sein Gemütszustand, als würde das Wetter innen umschlagen, denn ihn überkam das Gefühl, sich trotzdem, trotz der Kontaktaufnahme, trotz der kryptischen, aber ihm zugedachten Worte des Vaters, in einem gespenstischen Fadenkreuz zu befinden. *Er hat mich im Visier. Der Alte da hinten im Heim hat mich im Visier. Ich sehe ihn nicht hinter den Scheiben, aber ich weiß es. Ich spüre es. Und ich kann ihn nicht abschütteln.* Der Sohn wippte auf den Füßen vor und zurück und stand dann kurz nur auf den Fersen. Dann ging er weiter, vorbei an einer Parkhauseinfahrt, Richtung Innenstadt.

Er will etwas, der alte Mann will etwas von mir, er will mir etwas sagen, und er will noch etwas anderes von mir. Was will der Alte von mir? Diese Kreatur. Diese kranke, kranke Kreatur, dachte er und boxte hilflos einen zur Hälfte abgekratzten Anarchie-Sticker, der seine anhängliche Seite um den Rohrpfosten eines Vorfahrtschildes gewickelt hatte und hinter dem nun ein zarter Gong hervorbebte, *diese kranke Vaterfigur, dieser beschissene Archetypus, dieses stereotypische Gespenst.* Er hielt kurz inne vor dem Schaufenster einer kleinen Boutique, und es war, als ob seine Gedanken vor den Schaufensterpuppen kurz Luft holen mussten, um weiterfluchen zu können, *dieser abgemagerte Clown, dieser Holzschnittabfall, nur einer von den unzähligen, zurechtgefeilten, flachen Holzschnittpatienten, die sich überall tummeln und ... Ein Hoch auf die steigende Lebenserwartung.* Er lehnte sich mit dem Rücken gegen eine Plakatwand. *Aber du kommst zu spät, alter Mann. Du bist mit deiner ganzen Krankheit zu spät dran, viel zu spät. Ein Zitat eines Zitats eines Zitats bist du, mehr nicht. Eine Folge von Folgen von Folgen. Und so weiter, und so fort.* Und der Sohn dachte, als die inhaltsleere Straßenbahn vor ihm hielt, er den Knopf drückte und einstieg: *Nein, du bist nichts Besonderes. Du bist auch nicht sonderlich originell, nur weil du den Verstand und dein Gedächtnis verlierst. Darauf brauchst du dir überhaupt nichts einzubilden.* Er setzte sich auf den Platz, der von dem vierteiligen Piktogramm bewacht wurde. *Aber vielleicht tust du auch nur so, als ob. Das kann natürlich sein. Vielleicht spielst du einfach nur den Zerfall. Den putreszierenden Idioten, könnte man sagen. Das trau ich dir zu. Ist nicht zu abwegig. Dass du das alles für uns inszenierst. Geheimes Hungern fürs evidente Abmagern. Damit wir dich nur in Ruhe lassen. Damit ich dich in Ruhe lasse.*

Die Straßenbahn hielt an, die Türen gingen auf, ein Geschäftsmann im Anzug stieg ein. Hinter ihm hievte sich noch ein älterer Mann mit Gehstock und Schirmmütze in den Wagen. Der ältere Mann ging langsam nach hinten. Beim Sitzplatz des Sohnes blieb er stehen.

„Mein Platz", sagte er und klopfte mit dem Stock gegen das Schienbein des Sohnes. „Du sitzt auf meinem Platz. Geh weg."

Der Sohn hätte einfach nur zustechen wollen, nichts anderes, nur zustechen, mit bloßen Fingern, deshalb stand er schnell auf und setzte sich in die letzte Reihe. Von dort sah er den grau behaarten Hinterkopf des älteren Mannes, im Fenster spiegelten sich auch sein linkes Ohr gräulich und die Ansätze seines faltigen Profils, und er dachte an die Wortbrocken, die ihm der Vater heute hingeworfen hatte, und er glaubte, in einen Spiegel geschaut zu haben, *meine Zukunft, deine Gegenwart, meine Zukunft ist deine Gegenwart*, und er dachte, dass er dem Vater alles verdanke und ihm immer alles verdanken werde. *Ihm und seiner defekten und degenerierten Erbmasse.*

lebende hände zerren ● hoch.
die lebendig/toten hände von ● sind am rücken mit stacheldraht zusammengebunden.
es sind zwei stimmen zu hören.
sie reden miteinander.
sie haben eine geisel.
die geisel ist ein verwesender.

Christian und Julia empfingen mich herzlich, es gab gleich bei der Begrüßung eine Umarmung. Ich hatte mich vorgefreut auf die beiden. Und nicht nur auf die beiden.

„Was sagst du?", fragte er mich und zeigte auf seine Kopfbedeckung. Christian trug eine weiße Kapitänsmütze mit schwarzem Schirm, auf die vorn ein goldener Anker gestickt war. Ich fand, dass sie ihm gut passte, und sagte ihm das auch. Er lächelte und sagte, dass die anderen schon drinnen seien.

„Lass dir Zeit", sagte Julia. „Die Jacke kannst du hier wieder aufhängen. Wir beginnen dann in aller Ruhe."

Im Atelier war es wieder angenehm warm. Johanna saß so wie beim ersten Treffen auf einer der Matten, mit lang ausgestreckten und überkreuzten Beinen. Sie lächelte, ich ging direkt zu ihr und begrüßte sie. Danach Clemens, dann M, dann den Stotterer. Ich setzte mich wieder neben Johanna auf den Boden. Christian und Julia kamen zu uns. Sie ließen sich zwischen dem Stotterer und mir nieder und füllten so das Kreisloch.

„Ich hoffe, es geht allen gut. Schön, dass ihr euch wieder hier bei uns eingefunden habt", sagte Christian aus seinem Schneidersitz. „Wir sind auf dem besten Weg, eine richtige Gruppe zu werden, nicht? Ein kleines, eingespieltes Ensemble. Daran werden wir heute weiter arbeiten. Es wird noch einmal um *Vertrauen* gehen. Ihr habt beim letzten Mal wunderbar mitgemacht, aber wahrscheinlich habt ihr euch danach gefragt: Warum das alles, was will dieser Kerl bloß von uns, für was um alles in der Welt soll das hier gut sein, und was wird da wohl noch kommen? Um es kurz als Destillat oder Konzentrat zusammenzufassen, quasi: Vertrauen in die Gruppe, Vertrauen in die anderen. Dieses *Ur*-Vertrauen haben wir beim letzten Mal reaktiviert, und heute werden wir es ausbauen und stärken."

„Peu à peu", sagte Julia. Christian hob die Hand zum schwarzen Schirm seiner Mütze, salutierte und fuhr dann fort.

„Wir wollen euch hier und jetzt zum Ja-Sagen ermutigen. Was gibt es Schöneres, als sich das Ja-Sagen zu *erlauben*. Dieses große Ja, von dem Nietzsche in seinen Texten träumt."

Julia nickte. Wir nickten auch.

„Nicht jeder", fuhr Christian fort und formte die Hände vor seiner Brust zu einer Art Kelch, „nicht jeder kann oder will diesen Weg zu Ende gehen. Dem Großteil ist dieser Weg auch einfach egal. So ist das heutzutage. *Nihilismus*", sagte er dann und tat so, als ob er sich zurückhalten müsste, um nicht neben sich auf die Matten zu spucken. „Oder Cotard-Syndrom könnte man auch sagen. Wie man will. Ein Phänomen jedenfalls, das weit verbreitet ist, sehr weit. Es grassiert praktisch überall in der westlichen Welt. Unter der Oberfläche und im übertragenen Sinn. Darum wird es auch gar nicht mehr als Krankheitsbild wahrgenommen. Weil: Die meisten Menschen können gar nicht mehr anders, als andauernd nur mehr *Nein* oder *Ich weiß nicht* sagen zur Zukunft. Der kleine Rest, das sind nach Nietzsche die Edlen, die Noblen."

Christian hielt inne und schloss die Augen. Er sah aus, als würde er sich sammeln oder sich über das Klima des hohen Raumes neu aufladen. So verharrte er für einige Sekunden. Meine Nase juckte, und ich unterdrückte ein Niesen.

„Drei Verwandlungen", sagte Christian plötzlich und sah uns nacheinander in die Augen. „Die Noblen müssen sich dreimal verwandeln. Der menschliche Geist, das schreibt Nietzsche auch in seinem ‚Zarathustra', das ist ein ‚tragsamer' Geist. Der will gut beladen werden. Von den Eltern, von der Gesellschaft, von der Religion. Die erste Verwandlung kommt so zum Tragen, im wahrsten Sinne des Wortes: Der menschliche Geist verwandelt sich in ein Kamel. – Ihr seid alle Kamele", sagte Christian. Er richtete sich ein wenig weiter auf und streckte die Brust heraus. „So trivial sich das vielleicht auch anhört. Ihr seid schon vor langer Zeit in Kamele verwandelt worden. Und tragt jetzt riesengroße Höcker auf euren Rücken, voll mit fremden Vorstellungen, Erwartungen und Träumen. Aber seid mal ehrlich:

Wollt ihr wirklich Kamele sein? Wollt ihr wirklich euer ganzes Leben lang Kamele bleiben und fremdes Gepäck durch die Wüste schleppen?"

Ich sah, wie M am heftigsten von uns den Kopf schüttelte und hörte sie sagen, dass sie das nicht wollen würde, sie nicht, niemals, auf gar keinen Fall.

„Gut", sagte Christian, nickte M zu und schickte ein Zwinkern Richtung Julia, „wunderbar, das nenne ich Enthusiasmus. Hier will wohl jemand dringend zu einer Löwin werden. Das ist dann nämlich der nächste Schritt, oder besser gesagt: die zweite Verwandlung. Die Verwandlung des Kamels in ein Raubtier, das sich seine eigene Freiheit schafft. Aber alles zu seiner Zeit. Dazu kommen wir noch. In den nächsten Wochen. Versprochen. – Doch genug geschwafelt. Ich schlage vor, dass wir langsam mit dem heutigen Praxisprogramm beginnen."

Wir wiederholten die Übung vom letzten Mal mit Hinlegen, Augenschließen und Erspüren des Raumes und der Umgebung. Dieses Mal streichelte ich Johanna nach einer ersten sachlich-meditativen Anlaufzeit länger, ihre Schulter, ihren Ober- und Unterarm, ihr Ohrläppchen. Sie atmete ruhig. Ich versuchte, mich ihrem Atemrhythmus anzupassen. Ich musste meine Frequenz drosseln. Sie roch nach grünem Tee. Gerade als ich befürchtete, dass die Übung nun zu einem Ende kommen würde, berührte sie mich am Ellbogen und an meinem linken Ohr. Jedenfalls glaubte ich, dass sie mich berührt hatte, mit Absicht und nicht zufällig, aber ich war mir nicht sicher. Doch, sie hat mich berührt, am Ohr. Es lärmte nun auch darin, dann jaulte es kurz auf, dann war es weg. Und ich lag da. Und ich stellte mir die aus der Zeit gefallenen Stundenzeiger der Baukräne vor, die über den Dächern, den Hinterhöfen, über den Hauptstraßen und den Seitengassen der Stadt hingen, und die Frauen und Männer und Kinder und Hunde, wie sie unter den Kränen durch diverse Haus- und Einkaufspassagen sickerten.

Ich hielt die Augen noch immer geschlossen. Irgendwann hieß es dann wieder: „Fütterungszeit". Julia kam in meine Nähe und gab mir weiche Perlen in die Hand, ich kaute sie lange, es waren gekochte Erbsen. Ich zerdrückte die Erbsen am Gaumen, wälzte die Zunge im Mund hin und her, dachte an Johanna neben mir. Dann hörte ich Julia „Mund auf" sagen, zuerst zu Johanna, danach kam ich an die Reihe. Ich öffnete den Mund und spürte zwei Tropfen auf meine Zunge fallen, wie aus einer Pipette dosiert. Die Flüssigkeit schmeckte bitter wie eine geistreiche Chemikalie oder als ob ein Nagel über längere Zeit in ihr gelegen hätte. „Liquides Vergessen", hörte ich Julia noch leise sagen. Dann wurde mir unter den Augenlidern besinnungslos schwarz.

Nach der Übung saßen wir auf einmal wieder im Kreis. Ich wusste nicht, wie ich in die sitzende Position gekommen war, ich wusste nicht, wie spät es war, es kam mir auch unwichtig vor. Durch die Fenster zog ungefähr später Abend, fast Nacht herein, ich fühlte mich entspannt und benommen, und ich spürte die Entspannung und Benommenheit der anderen. Nur der Stotterer war nervös. Seine Augen schnellten hin und her, als würden sich links und rechts von ihm zahllose schmale Männergesichter unter dunklen Hüten vorbeidrängen, seine Stirn glänzte ölig, er hatte die Beine angezogen, und sein linker Fuß bebte rastlos auf den Matten. Der Stotterer wandte sich an Julia und stammelte, dass er sich nicht wohl gefühlt hätte.

„I-i-ich kann d-das n-n-nicht", sagte er. „Es t-t-tut m-m-mir le-l-leid. Das i-i-ist n-n-nicht gut f-f-für m-mich. Es t-t-tut mir n-n-nicht g-g-gut." Sein Stottern war mehr geworden. Es hatte sich gesteigert. Oder es kam mir nur so vor.

Christian stellte sich vor ihn hin und verschränkte die Arme. Julia antwortete im Sitzen, das sei schade, wirklich, sehr schade, denn schließlich seien alle hierhergekommen, um sich darauf einzulassen. Und Christian sagte, ja, er könne schon verstehen, dass es da eine gewisse Barriere gebe, die einen hemme, die einen blockiere, allerdings könne er das nur bedingt und nur bis zu einem gewissen Grad verstehen, denn wenn man das hier wirklich machen und ernst nehmen möchte, müsse man sich nun einmal zu gewissen Sachen zwingen und dürfe nicht so schnell aufgeben. Man müsse eben *Ja* sagen. Mir kam es so vor, dass aus Christian ernstes Bedauern sprach. Und noch etwas anderes. Etwas, das ich nicht genau deuten konnte. Er nahm seine Kapitänsmütze ab, um sich am Kopf zu kratzen. Man müsse eben auch bereit sein, Kontrolle abzugeben, sagte er dann und setzte sich die Mütze wieder auf. Wir blickten schweigend auf den Stotterer. Er war blass geworden, und seine Lippen waren schmalgepresst. Christian und Julia haben recht. Man muss sich darauf einlassen. Man darf nicht aufgeben, nicht einfach so beim ersten Hindernis, beim ersten Widerstand. Aber wenn man nicht bereit dazu ist ...

Julia sagte höflich zu ihm, dass er gerne wiederkommen könne. Ihr Angebot fühlte sich aber an wie eine Verabschiedung, wie ein raureifbelegter, endgültiger Verweis. Der Stotterer bedankte sich verschämt. Für mich sah er nur noch nach aneinandergedrängten Fluchtgedanken aus. Ich schaute zu Johanna, und sie reagierte mit einem vielsagenden Blick, der besagte, dass sie dasselbe dachte wie ich. Tatsächlich verließ der Stotterer als erster das Atelier. Dann folgten Clemens und M. Johanna und ich waren die letzten, die gingen.

Wir bedankten uns bei Christian und Julia, ich sagte, dass mir unser Treffen wieder sehr gut getan hatte, und Johanna meinte, sie würde sich schon jetzt auf die nächste Woche freuen. Julia lächelte, während Christian ihr seinen Arm um die schmale Hüfte legte. „Ihr beide seid auf einem guten Weg", sagte er zu uns an der Tür, „wir haben gesehen, dass ihr euch bemüht. Ihr könnt stolz sein auf eure Offenheit."

Unten auf der Straße hatte ein wasabigrüner Opel Corsa Probleme beim Rückwärtseinparken. Auch der zweite Versuch wollte nicht gelingen. Der zweite Versuch, dem sie beiwohnten, vielleicht zählte er aber insgesamt auch als der siebenundneunzigste. Für einen Augenblick war dem Sohn, als würde ihn das Auto anlächeln wie ein alter, geiler Bock, und dann war ihm, als würde ein schweineschnäuziges Fratzengesicht am Seitenfenster kleben. Er öffnete und schloss mehrmals die Augen, bis er diese hässliche Larve weg- und die leicht verzweifelte, verschwitzte Mimik eines etwa vierzigjährigen Mannes mit Glatze herbeigeblinzelt hatte. Johanna stand neben ihm, sie wirkte, als würde sie das Ringsherum nichts angehen, als würde ein Mangel in ihr rumoren. Dann, zwischen dem Gebimmel der Straßenbahn, die sich dicht hinter dem schräg auf die Straße ragenden PKW nicht länger gedulden wollte, und dem losgelassenen Hupen der Autos dahinter, fragte sie der Sohn nach ihrer Telefonnummer. Er fragte einfach danach, ohne sein Fragen vorher oder nachher zu erklären oder zu rechtfertigen. Johannas Augen glänzten wie im Rahmen einer Herausforderung, und ihre Stirnfransen lockten sich ein wenig gegen den Wind. Sie sagte, sie würde ihm die Nummer geben, aber nur unter einer Bedingung. Er wartete, aber es kam nichts mehr, Johanna blieb still.

„Was hast du dir denn vorgestellt?", fragte er endlich. Dafür sei es noch zu früh, sagte sie, alles zu seiner Zeit, und nannte ihm eine Zahlenreihe, die er etliche Male im Geiste vor sich hinmurmelte, die ganze Zeit, bis sie sich voneinander verabschiedeten, und sogar noch ein wenig darüber hinaus, um sie dann, nachdem er ganz sicher war, sie auswendig zu können, in sein Smartphone zu tippen.

● zittert, ● knurrt, ● windet sich. der mund schnappt nach dem mann und der frau. sie halten sich ● mit metallstangen vom leib und auf distanz. die stacheldrahtfesseln an händen und füßen sitzen schraubstockeng. der mann fährt ● schlagartig über den mund, denn er schlägt ● mit großer wucht ein eisenrohr auf den unterkiefer. die kinnlade wird zertrümmert. an einer seite hängt sie noch am seidenen muskelfaserfaden. ● wird endgültig mundtot gemacht. der mann und die frau zwingen ● nun wieder zu boden und ziehen und schleifen den körper über den boden woanders hin, ein paar meter weiter. dort liegt eine weiße, duschvorhangähnliche plastikplane. auf dieser legen sie ihn ab. sie schlagen die plane über ● zusammen, wickeln ● ein, binden die plane oben und unten zu. sie verschließen die ausgänge. ● sieht das blickfeld milchig werden. halbdurchlässige, trübe schneeverwehung, darauf das schattenspiel der zwei hantierenden, die ● dann wurstverpackt über den glatten boden wegschleifen.

Die Tage wurden kürzer; die vergangenen zwei waren jedoch von früh bis spät so monoton, undurchdringlich, regnerisch-windig und gewitterdurchtrieben gewesen, dass einem das allmähliche Schwinden angeblicher Sonnenstunden wie eine Erfindung vorkommen musste: Als wäre das alles längst geschehen und nur noch abzunicken, als hätte es irgendwann an einem dieser zwei Tage eine unmerkliche Übersprungshandlung der Zeit gegeben und als wäre es aus diesem Grund bereits zu spät, von „Herbstgefühl" zu sprechen. Vielleicht musste bereits ein „Wintergefühl" zur Sprache kommen. Es war jedenfalls ein ziemlich düsterer Sonntagvormittag, etwa eine Stunde nach dem Frühstück, als der Sohn ihre Nummer wählte. Johanna meldete sich, und er fragte sie, wie es ihr ginge. „Na endlich", entgegnete sie ein wenig verschlafen, „du hast dir ganz schön Zeit gelassen."

Es gab keinen Grund, warum ihr Telefonat hätte lange dauern oder künstlich aufgebauscht oder in die Länge gezogen werden sollen. Es näherte sich von Anfang an geradlinig einer Verabredung am Montagnachmittag. Selbst im Dazwischen, in den kurzen Zwischentönen und Randbemerkungen, war es unaufgeregt und behaglich pragmatisch. Als der Sohn auflegte, erinnerte er sich daran, wie Johanna bisher immer gerochen hatte, und er dachte darüber nach, wie es morgen sein würde, das Wiedersehen mit ihr, zum ersten Mal außerhalb des Ateliers. Und er überlegte, ob er heute PRAM® genommen hatte. Er wusste es nicht mehr. Er wusste es auch heute nicht mehr. Er wusste es schon wieder nicht mehr. *Wahrscheinlich ... und wenn nicht ... auch nicht schlimm. Und unwahrscheinlich. Untypisch. So schlampig bin ich nicht. Aber es, es liegt im Bereich des Möglichen, sagen wir es so.* Er konnte sich beim besten Willen und nicht im Geringsten an die Situation erinnern, nämlich an das Frühstücksritual von heute. *Das muss aber nicht unbedingt ein schlechtes Zeichen sein, denn das bedeutet auch ... eine Besserung. Der Fokus verschiebt sich einfach mittlerweile wieder auf andere Dinge des Lebens.* Er konnte daran glauben.

Die innere Lärmverschmutzung ... sie hat *nachgelassen in ihrer aufdringlichen Präsenz.* Er hörte es in seinem Ohr nur noch leise flüstern. *Und außerdem haben die Tabletten sowieso eine gewisse Depotwirkung.* Beim letzten Wort fiel ihm der Vater ein, schlagartig der Vater, er schob sich heran, der Vater, und geriet erneut in den Brennpunkt, der Vater im Heim, und der Sohn schüttelte den Kopf und zählte laut wie ein Ringrichter bis zehn und dachte dann fest an Johanna und an das morgige Treffen im Kaffeehaus und an Christian und Julia und an das Ja-Sagen. Er sagte laut „JA", sieben- oder achtmal hintereinander. Die Wohnung tat so, als ob sie ihm zuhörte. Das war dem Sohn aber nicht genug. Er wünschte sie sich leer, denn ihre Einrichtungsgegenstände pflückten jedes JA wie Kirschen aus der Luft und verschluckten es samt den Kernen.

Am Montag fuhr der Sohn wie immer mit der Straßenbahn zur Arbeit. Dort meldete er sich bei der Sekretärin zurück, übergab ihr die ärztliche Bestätigung und grüßte die übrigen Anwesenden freundlich. Er behielt nicht im Kopf, wer zurückgrüßte und wer nicht. Er nahm Notiz, ohne sich Notizen zu machen, nirgendwo. Der Vormittag zog sich teerflüssig, ohne nennenswerte Stromschnellen. Ab und zu ein leichtes Gefälle beim Beantworten einer E-Mail. Als die Computeruhr 10:34 anzeigte, ging er in die Küche und holte sich ein Glas Wasser. 10:36 beim Zurückkommen. Er dachte an Johanna. *Noch viereinhalb Stunden.* Er starrte den weißen Ziffern auf dem Bildschirm Löcher in ihre Bäuche und in ihr Gerüst.

Irgendwie verging die Zeit. Pünktlich um 16:29 klickte er mit der Mouse, fuhr alles herunter und verließ das Büro, ohne, wie er es normalerweise tat, zu kontrollieren, ob der PC auch wirklich herunterfuhr und sich nicht nur ein

Stand-by-Powernap gönnte, was der Abteilungsleiter seiner Belegschaft bei jedem zweiten Jour fixe eindringlich nahelegte, aus Umwelt-, aus Nachhaltigkeits- und aus Stromkostengründen, wie er betonte. Der Sohn dachte nicht daran, stattdessen wiederholte er marschmusikmäßig und leise das JA.

Zur vereinbarten Uhrzeit betrat er das Kaffeehaus, *„in time"* – das fiel ihm ein, als er die Jacke öffnete, er dachte es in Anführungszeichen und spöttelte innerlich über die seichte Doppeldeutigkeit. Johanna war noch „in-timer" gewesen, er sah sie wenige Schritte nach dem Eintreten an einem der hinteren Tische sitzen. Sie spielte flüchtig mit dem Salzstreuer, dessen gläserne Saline den Tisch mit ein paar Kristallen dekorierte, die Johanna gleich darauf mit der Spitze ihres Zeigefingers auftupfte und auf ihre Zungenspitze legte, während er sich ihr näherte. Als sie ihn bemerkte, ließ sie ihn nicht mehr aus den Augen. Ihre Augen verschlossen sich einem Zwinkern. Der Sohn streckte ihr zur Begrüßung die Hand entgegen. Johanna stand auf, nahm sie, zog ihn näher zu sich und küsste ihn links und rechts. Er spürte ihre Wangenknochen hart auf seine treffen.

„Hallo", sagte sie, „ich hab schon bestellt."

Sie setzten sich. Vor ihr stand eine Tasse, aus der ein dünner weißer Faden hing. Der Inhalt der Tasse war rötlich. Ihm schien kurz, als ob der ertrinkende Teebeutel das Rötliche aufsaugen würde, anstatt es abzugeben, gleich würde klares, heißes Wasser dort in der Tasse sein.

„Hi", sagte er, „ich komme aber nicht zu spät, oder?"

„Nein, nein", sagte Johanna, „du hättest sogar noch vier Minuten gehabt. Nach meiner Uhr."

Ihre ohnehin hellen Wangen wirkten heute talgblass. Sie gefiel ihm trotzdem.

„Gut. Da bin ich froh. Dass ich nicht zu spät bin, meine ich."

„Wie geht's?", fragte Johanna.

„Ich komme direkt von der Arbeit. Dafür geht's aber ganz gut."

„Du bist in dieser Consulting-Firma, oder?"

„Woher weißt du das?"

„Hast du das damals nicht selbst bei der ersten Vorstellungsrunde im Atelier erwähnt?"

„Ah, ja. Stimmt."

Stimmt das? Habe ich wirklich davon gesprochen? Habe ich das wirklich erzählt? Oder hat sie ... hat sie vielleicht mit Christian über mich geredet? Hat es in der Zwischenzeit vielleicht noch eine Begegnung der beiden gegeben? Ohne mein Wissen? Und ohne Julia? Ein geheimes Treffen? Wo ausschließlich die beiden ... Und hat sie ...?

„Und was sagst du?", fragte Johanna.

Der Sohn schreckte innen auf, ohne außen aufzuschrecken.

„Zu was?", fragte er ruhig. *Nein, es wird schon so gewesen sein, wie sie sagt. Ich habe davon gesprochen. Ja. Ja, ich werde davon erzählt haben.*

„Na, zu unserem letzten Treffen", sagte sie. „Im Atelier."

Der Kellner blieb an ihrem Tisch stehen, der Sohn bestellte eine Cola light.

„Es funktioniert", sagte er, als der Kellner gegangen war.

„Was meinst du damit?"

„Na, die Treffen. Die Übungen, diese ganze Sache."

„Kein Wunder, du hast ja auch Philosophie studiert."

Sie lächelte, besonders mit dem rechten Mundwinkel.

„Ja, das ist aber schon länger her", antwortete er. „Ich hab nicht abgeschlossen."

„Trotzdem, das sind doch die besten Voraussetzungen", sagte sie. „Du kannst viel mit Christians Theorie anfangen, viel mehr als ich. Also mit Nietzsche konkret."

„Das Studium liegt wie gesagt schon etwas zurück", sagte er, „und außerdem, außerdem hat *das*, glaube ich, weniger damit zu tun."

„Was meinst du? Mit was sonst?"

Er überlegte kurz.

„Beim letzten Mal – hast du da auch diese bitteren Tropfen von Julia bekommen?"

Der Sohn glaubte, einen schwachen Schatten über Johannas Blässe huschen zu sehen.

„Ja", sagte sie, „ich glaube, das war ein leichtes pflanzliches Entspannungsmittel."

„Glaubst du, dass ..."

„Bestimmt harmlos", unterbrach ihn Johanna. Sie musterte ihn. Ihre Augen waren blau.

„Meine Güte", sagte sie dann unerwartet streng und blies in ihre Tasse. „Sei nicht gleich so misstrauisch. Man muss etwas sorgfältig zerlegen, damit man dieses Etwas zu einem neuen, anderen Etwas zusammenfügen kann. Hat Christian vor kurzem gesagt. Und es stimmt."

Der Sohn runzelte die Stirn.

„Wann? Wann soll er das gesagt haben? Da war ich aber nicht dabei, oder?"

Johanna zögerte kurz. Oder bildete er sich ihr Zögern ein?

„Gestern. Ich ... na ja, ich hatte eine Frage, und die wollte ich ihm persönlich stellen. Darum bin ich, habe ich kurz bei ihm im Atelier vorbeigeschaut."

Also doch. Er spürte sehr bewusst, dass ihm heiß wurde.

„Welche Frage?"

„Es ging um dieses Ja-Sagen, du weißt schon. Da wollte ich mich genauer erkundigen."

„Und?", fragte der Sohn.

„Du ... ich sage nur so viel: Brutkasten." Ihr Gesicht schien auf einmal wie in Frischhaltefolie gewickelt zu sein. Es sah merkwürdig bewegungslos aus. Der Sohn wusste zuerst nicht, was sie meinte. Dann fiel es ihm ein.

„Redest du von diesem Gebilde im Reflektorium?", fragte er. „Sag bloß, du warst da drin?"

„Mhm", bejahte sie. „Gestern. Für mehrere Stunden. Julia nennt es Brutkasten. Ich hatte es verdient. Und ... es war herrlich."

Er sah Johanna vor sich, wie sie in dem Ding saß, auf einer kleinen Bank aus Holz, eingeschlossen, abwesend, untätig, und wie sie durch die Sichtscharte so lange belichtet oder gerendert wurde, bis sie gleißend verschwand.

„... dort zu einem eigenen Ja-Sagen zurückfinden", sagte sie gerade und brachte ihm in Erinnerung, dass sie oder ein sprechendes Bild von ihr immer noch hier vor ihm saß. Der Sohn hatte kaum zugehört. Johanna trank von ihrem Tee, dann schwieg sie, und er bekam das Gefühl, an ihren letzten Kommentar bestätigend anknüpfen zu müssen.

„Finde ich auch", sagte er. „Gerade heutzutage in unserer verdammten Leistungs- und Konsumgesellschaft. Dieses hohle Gerede dauernd – fürchterlich. Aber Hauptsache, man hat den größten Flatscreen mit den besten LEDs bei sich zu Hause stehen."

„Genau", sagte Johanna. „oder die teuersten Schuhe. Oder die neueste App."

„Ja, genau", sagte der Sohn. „Das ist der springende Punkt. Weil es niemals genug sein kann."

„Mhm, du hast völlig recht."

Er freute sich im Verborgenen über ihre gemeinsame Meinung. Der Kellner kam, bedankte sich für ihre Geduld, es sei ein Kollege ausgefallen, und stellte zuerst eine bereits geöffnete 0,33-l-Glasflasche Cola light auf den Tisch, dann ein Glas mit zwei Eiswürfeln, die sich gegenseitig ihre Kälte weglutschten. Er ließ sie in der schwarz-braunen Flüssigkeit untergehen. Dem Sohn fiel ein, dass er vor nicht allzu langer Zeit in eine Karotte gebissen hatte, die zwischen seinen Zähnen genauso geknirscht und genauso geschmeckt hatte wie ein Eiszapfen. Dann fiel ihm auf, dass sich Johannas Finger um ihre Tasse gekrampft hatten.

„Ist dir kalt?", fragte er. Sie hörte ihn nicht.

„Ich habe lange gesucht und gehofft, dass ich so was finde", sagte sie und lockerte den Griff ein wenig. „Eine Gruppe, in der respektvoll miteinander umgegangen wird. Nach den ganzen Katastrophen, die ich mit den Ärzten erlebt hab."

Sie setzte eine verächtliche Miene auf.

„Was waren das für Katastrophen?", fragte er.

„Verschiedene. Das erzähle ich dir ein anderes Mal. Aber unterm Strich kann man sagen: Ist man erst mal Patient geworden, bleibt man es auch, und zwar lebenslänglich. Die Ärzte erfinden immer wieder gute Gründe, wenn es darum geht, einen im System zu halten. Dann schickt man dich eben einfach von einem Wartezimmer ins nächste, von einem Arzt zum anderen, von Arzt zu Arzt zu Arzt zu Arzt und so weiter und so fort. Dann heißt es: Das sollte sich besser ein Kollege anschauen, nein, hier sind Sie nicht richtig, gehen Sie doch bitte zu einem anderen Kollegen, hier die Telefonnummer, ja, gern, kommen Sie vorbei, nun ja, es könnte das sein oder aber auch das, jedenfalls ist der Befund nicht eindeutig, daher würde ich vorschlagen, dass Sie besser ... Verstehst du?"

„Ja", sagte er, „kann ich mir vorstellen, dass das frustrierend sein muss."

„Mhm, das kannst du laut sagen", sagte Johanna. „Ich lasse mir das nicht mehr gefallen. Weißt du: Nach so viel Hin und Her... irgendwann beginnt man, sich einzubilden, dass man krank ist, richtig krank, und dass einem niemand helfen kann. Dass man an einer mysteriösen Krankheit leidet, und niemand kann sie identifizieren, und niemand kann etwas dagegen unternehmen. Ja, ich habe oft Magenschmerzen, aber das bedeutet doch noch lange nicht, dass ich eine Todgeweihte bin, oder?"

„Nein, das bedeutet es nicht", sagte er. „Natürlich nicht. Aber du kennst das ja, Todgeweihte leben länger."

„Tot*gesagte* heißt es ... Trotzdem ... den Eindruck, den bekommt man irgendwann zwangsläufig. Da kann man machen, was man will. Irgendwann ist diese fixe Idee da und lässt einen nicht mehr los. Wenn man herumgereicht wird wie ... wie ein Ding, und niemand aus der gesamten Ärzteschaft interessiert sich für einen. Wenn niemand von denen sich die Zeit nimmt, genauer zuzuhören oder hinzuschauen. Christian und Julia dagegen", sagte Johanna, und dabei milderte sich ihre Miene, „die beiden sind völlig anders. Kein Vergleich."

„Ja. Eben *keine* Ärzte. Die zwei nehmen sich *wirklich* Zeit für uns."

„Mhm, genau", sagte sie, während der weiße Faden den Teebeutel über der Tasse in Bondage-Manier an die Löffelschale band, vertäute und ihm die letzten Reste der roten Pflanzenseele herausschnürte, „und das alles unentgeltlich. Das muss man sich mal vorstellen."

„Stimmt", sagte der Sohn, „Geld spielt keine Rolle, hat Christian gesagt. Die beiden glauben wirklich an etwas ... an etwas Anderes."

„Mhm. An die Kunst. Und an die utopische Möglichkeit zur Befreiung der Möglichkeiten."

Schön gesagt. Johanna fuhr fort:

„Und an uns. Sie glauben an *unsere* Biographien. Das passiert mir zum ersten Mal."

Er überlegte kurz, dann sagte er: „Also mich erfüllt das auch mit einem gewissen Stolz, muss ich sagen."

„Ja", sagte Johanna und lächelte ihm zu. „Ich sag dir was: Bald werden sich neue Möglichkeiten und Perspektiven für uns auftun. Da bin ich mir sicher. Glaubst du nicht auch?"

„Ja", sagte er und lächelte zurück. Dann erinnerte er sich an etwas.

„Was ist?", fragte Johanna.

„Nichts."

„Du schaust so grüblerisch."

„Es ist nichts. Nur ... um ehrlich zu sein: Ich habe gerade an den einen Typen denken müssen. Irgendwie bin ich froh, dass der aufgehört hat. Du weißt schon, der Typ mit dem Sprachfehler."

„Der gestottert hat", sagte sie.

„Ja."

„Mhm. Er hat sich einfach nicht darauf eingelassen. Wie Christian schon gesagt hat. Ein schwacher Charakter."

„Genau", sagte er. „Und was hältst du von den anderen?"

„Keine Ahnung", sagte Johanna. „Ganz nett. Unauffällig. Ziemlich passiv, oder reaktiv. Und ein bisschen langweilig."

Sie lächelte.

Er lächelte zurück.

„Ja", sagte er, „ich glaube, wir beide sind da schon um einiges weiter."

Woraufhin Johanna mehrmals nickte und „Mhm" sagte.

die plane wird geöffnet. ● liegt bäuchlings auf ihr. das schattenspiel hat ein ende, dem milchigen werden farbstoffe zugesetzt. immer noch neonlicht. der mann packt ● vorne an den haaren, die frau nimmt ● hinten an den gebundenen füßen. sie heben ● gemeinsam hoch. sie sprechen nicht. sie koordinieren sich anders. sie tragen ● weg. sie tragen ● zu den badewannen. sie legen ● in eine badewanne. sie ist weiß und groß genug für ●. sie legen ● hinein, wieder bäuchlings. ● bebt, die extremitäten arbeiten gegen ihre fesseln, wollen sie aufdehnen, sich aus ihnen herauszwängen, sie arbeiten wirkungslos und ohne unterlass. ● dreht den kopf, sieht etwas in die badewanne fallen. graue brocken, weiche, kalte frischbetontropfen, die von dem mann und der frau auf den rücken von ● geschüttet werden und daneben, aus eimern, die mit dem angerührten gemisch neben der badewanne gewartet hatten. die eimer werden geleert, sie werden in das bad ausgeschüttet, nacheinander, im akkord, und die wanne, nur mit ● darin und ohne seifenlauge, füllt sich. der pegel steigt. die eine gesichtshälfte von ● verschwindet zur hälfte in der grauen masse, das rechte auge taucht in die dunkelheit. der pegel steigt. der beton bedeckt ● mehr und mehr, die graue substanz versenkt allmählich den verwesenden körper mit seinen tieren und deren nestern und siedlungen. das linke auge taucht in die dunkelheit. der mann und die frau haben genug eimer bereitgestellt, um ● unter der oberfläche verschwinden zu lassen. sie schütten sie aus, bis es so weit ist, bis die weiße wanne gut gefüllt ist, bis an den beckenrand. die graue masse wabert durch die windungen und wendungen und bewegungen von ●. mit der zeit geraten die bewegungen in eine zeitlupe. der beton erhärtet, und die bewegungen in der wanne nehmen ab und nehmen ab und nehmen ab.

und die graue, körnige substanz dringt in ● ein, speist sich
ein, benutzt die offenen stellen und wunden als passagen
ins innere. sie umfängt den körper, hüllt ihn ein, und gleichzeitig füllt sie sich ihm ein und breitet sich in ihm aus. der
körper säuft sich voll mit ihr. die frau und der mann sehen
zu, sie sitzen auf holzpaletten daneben mit ihren blicken
auf die badewanne. sie sehen der grauen fläche beim opak-
werden zu. sie sehen der grauen substanz beim hartwerden
zu. sie sehen dem gewinde darin beim wenigerwerden zu.
dann gehen sie fort.

Kapitel 8

Als der Sohn abends still auf der Matratze lag, die Arme hinter dem Kopf verschränkt und im Kissen versunken, die Beine unter der Decke über Kreuz, musste er an das Mädchen denken, das er damals während des Studiums kennengelernt hatte. Und er merkte, dass er froh wurde, froh über die laufende Gegenwart, zu der nun Johanna gehörte. Er schloss die Augen. *Morgen schon.* Er hörte, wie drei Straßen weiter die einsame Sirene eines Rettungswagens vom Brummen und Knattern eines Hubschraubers verweht und verwässert wurde. Dann schlief er ein.

Der Sohn erwachte sehr früh, ohne dass der Wecker, Lärm von draußen oder irgendeine andere Störquelle im Haus etwas damit zu tun gehabt hätten. Er öffnete die Augen und war ohne Übergang da. Der Morgen allerdings bereitete sich hinter der Bühne noch auf seinen Auftritt vor. Es war der falsche Fuß. Das war nicht gut. Dass alles noch so unausgegoren und halbherzig und zwittrig herumstreunte und die Welt vor sich hinfabulierte, um des Fabulierens willen, während er schon bereit war. Das konnte nicht gutgehen. Unter der Dusche beklagte er sich bei der Luft oder den Fliesenfugen darüber, so früh aufgewacht zu sein. Er wusste, heute würde die Zeit erneut nichts für ihn tun. Es war drei Stunden vor Arbeitsbeginn.

Nach der Dusche ging er nackt zwischen den Zimmern seiner Wohnung hin und her. Vor dem Fenster, das in einen Innenhof führte, in dem es nie etwas zu sehen gab, blieb er stehen. Er wünschte sich eine Ausnahme, hier und jetzt. Nicht erst später im Atelier. *Ich zeig euch was, zeigt ihr mir dafür auch was.* Er klopfte leicht gegen die Scheibe und presste seine Brust gegen sie. Als sich nichts ereignete, holte er einen Sessel aus dem Nebenzimmer, positionierte ihn unterhalb desselben Fensters nahe am Heizkörper, stieg auf den Sessel und drückte seinen Schwanz an das kühle Glas. Wieder ereignete sich nichts, nur ein kleiner, leicht schmieriger Abdruck blieb; Katzennasentapser. Die Innenhoffenster blieben unbeleuchtet und unbemannt. Er wandte sich gleich wieder vom Fenster ab und sprang zu Boden. *Die Zeit ist mein Feind,* dachte er, nachdem er den Sessel zurückgetragen hatte und nun wieder auf und ab ging. *Sie ist mein Feind. Sie macht sich über mich lustig. Sie vergeht sich an mir.*

Ein Schrecken durchfuhr ihn plötzlich abgrundtief, und er rannte zum Waschbecken in der Küche. Er ließ Wasser über zwei seiner Finger laufen, zuerst warm, dann heiß und dann noch heißer. *Das hast du dir verdient,* sagte er im Schmerz zu sich selbst, *für diesen trivialen, faden und fadenscheinigen Gedankengang hast du dir das redlich verdient.* Und weil ihm bewusst wurde, dass die Aneinanderreihung von „fade" und „fadenscheinige" in dieselbe flache und witzlose Kerbe schlug, drehte er den Hahn noch ein wenig weiter nach links. Der Durchlauferhitzer kreischte. Das Wasser wurde brühheiß. Er unterdrückte ein Stöhnen. Dann nahm er die Hand zurück, trocknete die geröteten Finger am Geschirrtuch, ging zum Kleiderschrank im Schlafzimmer und zog sich – vorwiegend mit der anderen Hand – an.

Heute war er der Erste im Büro. *Gut. Immerhin.* Und trotzdem setzte sich dann bald wieder das Gefühl durch, dass ein Ortswechsel ihm keinerlei Veränderung einbrachte, im Gegenteil: Die Uhren tickten hier noch lauter als woanders. Doch wie schon so oft verging die Zeit auch in diesen Räumen irgendwie, in den Räumen mit den Aktenschränken und den Vertragsordnern, die auf den Regalen bunte Vielfalt vortäuschten. Die Sonne vertrocknete am Himmel zu einem niedrig stehenden Halbmond. Bis er dann endlich an der Tür von Christian und Julia klingeln konnte.

Auch im Atelier war ich der Erste. Ich trat wie gewohnt ein, hängte meine Jacke gewohnheitsmäßig an die Garderobe, folgte Julia, setzte mich drinnen auf die Matten und wartete auf das Eintreffen der anderen. Christian ließ sich neben mir nieder und fragte mich, wie es mir gehe. Er hatte eine Art schwarzen, verknitterten Poncho übergeworfen, der am Schlüsselbein von einem silbernen Schmuckhaken zusammengehalten wurde. „Martin Margiela", sagte er und strich mit den Fingernägeln sanft über den Stoff und die gut sichtbaren Nähte. Ich antwortete, dass alles in Ordnung sei bei mir, dass ich schon sehr gespannt sei auf die Übung heute und dass ich mich schon seit Tagen darauf gefreut hätte, auf das Wiedersehen. Ja, ihm sei es genau so gegangen, sagte Christian. Schön zu sehen, dass sich etwas bewegte.

Wir hörten die Türglocke. Clemens traf ein, danach M, und danach Johanna. Ich sah, wie Christian Johanna begrüßte und sie an sich drückte. Er schien ihr dabei etwas ins Ohr zu flüstern. Die Umarmung kam mir zu vertraut vor. Zu innig. Und Johanna – sie wirkte auf mich noch zierlicher und blasser als gestern, fast bleich, und fast hager. Als sie sich zu mir setzte und fragte, ob ich noch gut nach Hause gekommen sei, sah ich im Augenwinkel, wie Clemens und M mit hochgezogenen Augenbrauen Blicke tauschten. Da wurden wir von Christian unterbrochen, vehement. Ich glaube, er hatte ihre Frage auch gehört.

„Wir sind heute bereits vollzählig", sagte er. „Martin hat aufgegeben. Er wird nicht mehr teilnehmen. Seine endgültige Entscheidung hat er mir gestern per E-Mail mitgeteilt. Nun ja. Was zu erwarten war, würde ich sagen. Anscheinend hat sich bei ihm der Körper von seiner Befreiung zu viel *versprochen*. Wenn ihr versteht, was ich meine."

Er blickte schelmisch in die Runde.

„Gut. Dann lasset uns beginnen."

Christian erhob sich.

„Nachdem die letzten Übungen mit dem Thema *Vertrauen* so gut geklappt haben, ist es an der Zeit für den nächsten Schritt: *Befreien*. Heute wird es also darum gehen, ein Raubtier zu werden. Metaphorisch gesprochen natürlich. Vom Kamel zur Löwin oder zum Löwen. Wir werden dazu mit Übungen arbeiten, die euch vielleicht, sagen wir es vorsichtig, ein wenig verwirren könnten. Aber denkt bitte daran: Ihr seid inzwischen durchaus schon zu einem Ensemble zusammengewachsen. Das spürt man. Das könnt ihr spüren. Lasst euch daher nicht abschrecken. Es kann euch hier nichts passieren. Julia und ich werden achtgeben."

●, heruntergefahren und stillgelegt in eine dicke, dichte schwärze, in eine vollkommene licht- und eigensinnlosigkeit.

Wir mussten uns aufstellen, mit den Gesichtern zueinander und jeweils in rund einem halben Meter Abstand. Johanna stellte sich mir gegenüber. Ich bemerkte samtbläuliche Ringe unter ihren Augen. Julia sagte, wir sollen die Hände hinter dem Rücken verschränken und die Zungen weit herausstrecken. Sie machte einen Witz über die Kommunion in der Kirche. Wir lachten leise und einvernehmlich. Dann ging sie vor die Tür und kam Sekunden später zurück. Sie hielt eine mit Arabesken verzierte Holzschatulle in ihren Händen, aus der sie Zuckerwürfel klaubte. Für jeden einen. „Heute – liquide Ekstase", sagte Julia. Der Zuckerwürfel schmeckte seltsam, hinter der Süße versuchte sich erfolglos ein Geschmack wie von Anis oder Ammoniak zu verbergen. Dann begann Christian uns zu ermutigen, indem er in die Hände klatschte. Es handle sich hier um eine Übung, die unsere normativ-normierten Schalen aufbrechen lassen würde, sagte er und klatschte nochmals. Er fragte uns, ob wir dazu bereit seien. Wir antworteten geschlossen mit ja. Er fragte uns, ob wir Kamele nun endlich zu Löwinnen und Löwen werden wollten. Wir antworteten lauter mit JA. Dann sagte Christian, dass nun die beiden Frauen den Männern ins Gesicht schlagen müssten. Eine Ohrfeige, ergänzte Julia. Aber fest. Die Ohrfeige sei ein komplexes Symbol, sagte Christian. In ihr würden sich jene Gewalttätigkeiten verschränken, die unseren Körpern angetan worden seien.

„Erduldet sie", sagte Christian. „Denn das ist Verarbeiten. – Über das Erdulden kommt man zum Bejahen", sagte er, während er zwischen uns auf- und abging. „Und über das Bejahen kommt man zur Freiheit. – *Das* ist Leben", sagte er im Gehen und kam dabei in ein rhythmisches Sprechen, dessen Betonungen auf seine Schrittfolge abgestimmt waren.

„Vergesst die Arbeit.

Öffnet euch dem Schmerz.

Nehmt ihn gelassen.

Der Körper ist euer Tempel, euer Heiligtum, eure feuchte Positivität.

Verherrlicht ihn. Seid in ihn vernarrt. Seid obsessiv!

Der Körper ist mehr als ein Vehikel!

Er will sich transzendieren!

Lasst ihn sich transzendieren!

Lasst die Diktatur des absoluten Rausches zu!!

Spreizt die Beine!!

Feiert den Exzess, die Ekstase des Körpers!!

Befreit eure Schwänze und eure Mösen und eure Ärsche!!

Befreit eure Löcher!!

Seid Miley Cyrus!!

Leckt!! Fickt!! Spritzt!! Blutet, ihr verfluchten Drecksnutten, ihr elendigen Huren!!

Fickt euch das Kultivierte und das Zivilisierte aus dem Leib!!

Belebt die Vergangenheit in ihm!!!

Und dann schlagt sie ihm aus der Haut!!!

Lasst auf eurer Haut die Erinnerungen erblühen!!!

Und reißt sie dann aus euch heraus mitsamt ihren Wurzeln!!!!"

Johanna zögerte kurz, als würde sie auf eine schlafwandlerische Trübung warten oder auf eine Art Gnade. Diese kam. Und da schlug sie mir mit der flachen Hand ins Gesicht. M wollte ihr darin nicht nachstehen und schlug Clemens mit der flachen Hand. „Noch einmal", hörten wir Julia sagen, „fester." Und Johanna schlug zu. Meine Wange brannte. Ich hörte neben mir das Klatschen von Ms flacher Hand auf Clemens Wange. „Weiter", sagte Christian, „noch einmal." „Weiter", sagte Julia, „fester." Sie wechselten sich ab mit ihren Anweisungen. Und wir schlugen zu, hart, abwechselnd, rhythmisch. „Noch einmal. Noch einmal. Schlagt euch die fremden Ideen aus dem Kopf. Noch einmal. Schlagt euch gegenseitig die Fremdbestimmungen und die Ressentiments aus dem Kopf. Genau, noch einmal. Fester. Befreit eure Raubtierkörper und schlagt euch die Disziplinierungen aus dem Kopf. Nocheinmal, nocheinmalnocheinmal. Lasst eure Körper sprechen."

Clemens blutete neben mir aus der Nase, es rann ihm über die Lippen. Das Gesicht von M zuckte und bewegte zwei lautlose Tränenbäche nach unten. Ihre Tropfen sammelten sich am Kinn und fielen von dort zu Boden. Johanna stand ohne jede Regung vor mir. Meine Wange glühte. Und in meinen Ohren tobte es laut, so laut, dass alles um mich herum verstummte, und A N G S T kam aus allen Himmelsrichtungen geflogen und geflossen, Nachtschwärme, die sich in der heiliggesprochenen KörperANGSTkirche zusammenrotteten und in meiner Kehle hinter dem eingeschnürten Adamsapfel die Gebetsmühle anwarfen. Und im Mahlen ließen diese Schwärme meine Zähne knirschen und aufeinanderschlagen und meinen Blick schwarz werden,

und die Schwärme disseminierten und stoben auseinander vor Christian, dessen Gesichtszüge sich verändert hatten, väterlich geworden waren, und ich sah den Vater, der dem Kind das Fahrradfahren beibringt an einem sonnigen Nachmittag, auf einem Kinderfahrrad, dem die Stützräder abgeschraubt worden waren und dessen Farbe nicht auftaucht bis auf das Silber der Lenkstange, und Christian legt mir im Vorbeigehen seine flache Hand in den Rücken, und der Vater schiebt das Fahrradkind vor sich her, die beiden Hände auf dessen Rücken zur Stabilisierung und um es in Sicherheit zu wiegen, eine Allerweltserinnerung, und Johanna steht vor mir und schlägt mich, und meine Wange glüht, und dann hört das Glühen auf, und ich spüre keinen Rand mehr und keinen Umriss, sondern nur noch Bilder, rahmenlos, und den Vater der mich auf dem Fahrrad vor sich herschiebt, und wie er mich vor sich herschiebt, wird das Kind schneller auf dem Fahrrad, und er lässt mich los und nimmt seine Hände von meinem Rücken, und Johanna holt aus und schlägt mir wieder ins Gesicht, und auf meinem Unterarm deutet sich eine Gravur an, ein Abdruck, und der Vater befiehlt, bremsen, langsamer, und die Reifen knirschen auf Rollsplitt, und das Kind bremst nicht, und Christian und Julia sagen fast gleichzeitig, so genug, das dürfte reichen, und ich fahre auf dem asphaltierten Weg leicht bergab, und ich bremse nicht, und der Vater befiehlt lauter, und ich kann ihn nicht hören wegen des Motorrads neben mir, es übertönt ihn, und ich vergrößere den Abstand zum Vater und werde noch schneller, und Johanna steht vor mir und schaut mich an, und ich bremse nicht und springe im Fahren vom Sattel, und Julia sagt, dass es gut ist, und Christian sagt, gut gemacht, und der Vater kommt gerannt, und das Kind sagt, es habe sich nichts getan, nicht die kleinste Abschürfung trotz Rollsplitt, und der Vater gibt mir einen Klaps auf den Hinterkopf und fragt, warum ich nicht gebremst habe, ich weiß es nicht, und er sagt, das musst du noch mal üben, ja, und er stellt das umgefallene Fahrrad auf und gibt dem Kind die Lenkstange in die Hand, und Johanna fragt, ob alles in Ordnung sei, ja, und Christian legt mir wieder die flache Hand in den Rücken, und der Vater hält mich wieder fest am Rücken mit der einen und am Fahrradsattel mit der anderen Hand, bis er dann seine Hände zurückzieht und ich in die Pedale trete und wieder schneller werde, und er bleibt stehen, schreit, bis ich wieder nur vom Sattel springe in voller Fahrt und das Fahrrad zur Seite fallen lasse und ich am Boden liege, bis der Vater gerannt kommt, und das Kind, es ist nichts, und er, wir probieren es noch einmal und noch einmal, so lange, bis du es kannst, und dann probiert der Vater es mit dem Kind noch einmal und noch einmal, und das Kind springt immer nur vom Sattel, anstatt zu bremsen und abzusteigen wie ein normaler Mensch, sagt der Vater und kommt und nimmt meinen Arm und schüttelt mich und sagt, warum tust du nicht, wie ich es sage, warum, und er nimmt meinen Unterarm und beißt in mein Fleisch, dass sich die Zähne wie ein rotes und grobpixeliges U in der Haut des Kindes abdrücken, die Gravur wird offensichtlich, und Christian kommt und fragt, ob ich mich setzen will, und das Kind fährt mit dem Fahrrad und bremst und steigt stolz vom Sattel, und der Vater klatscht in die Hände, und das Klatschen von Ms Hand auf das Gesicht von Clemens, und der Vater sagt, Durch den Türspalt, er sitzt nicht vor dem Fenster oder dem Fernseher, sondern liegt im Krankenbett und die Mutter allein im Laub, und ich sagte, „ja", und dann sah ich, wie sich mein Blickfeld den blauen Matten näherte ... „Ich fühle mich nicht gut", sagte ich. Mein T-Shirt war nass vom Schweiß.

„Ein Echo des Körrperrs", hörte ich Christian antworten. „Ganz natürrlich. Das gehörrt zurr Übung. Es wirrd dirr bald besserr gehen. Das kenne ich aus Errfahrung. Nicht verrgessen: Ihrr seid immerrhin berreits meine vierrte Generration, die ich begleite."

Irgendetwas hatte das rollende r wieder aufgestört. Johanna setzte sich zu mir und streichelte drei- oder viermal über meinen Unterarm. Neben uns stillte Julia die Nasenblutung von Clemens mit einem Taschentuch. Es fing das rote Fallobst noch vor dem Fallen auf. Clemens redete ohne Unterlass von einer monumentalen Erstbesteigung, die wir vollbracht hätten. Mir gegenüber saß M, sie hatte ihre Tränen weggewischt, die Augen geschlossen und wiegte nun den Kopf hin und her, im Takt einer lautlosen Melodie.

„Ich fühle mich nicht gut", sagte ich noch einmal.

„Was ist los?", fragte Johanna.

In meinem linken Ohr hörte ich es noch, das Surren, aber etwas leiser. Es hatte nachgelassen. Und auch ANGST war verflogen. Allerdings war mir übel. Die Magenwände fühlten sich heiß an.

„Ich weiß nicht", sagte ich und schluckte eine Ansammlung süßlich-wässriger Spucke. „Wie ein Exorzismus. Geht mir ein bisschen weit."

„So ein Unsinn", schnitt Julia in meine Richtung ab. „Um das geht es hier nicht. Überhaupt nicht." Sie klang entschieden und schroff im Vergleich zu ihrer Sanftheit davor. Und schon bereute ich, was ich gesagt hatte. Es war so dumm gewesen.

„Ja, das ist völlig falsch", mischte sich Christian ein. Er gab Julia Rückendeckung und übernahm das Wort.

„Es geht darrum, die heilende Krraft des Verrgessens zu entdecken. Es geht um Affirrmation. Um rreine Affirrmation. Fürr eine glückliche, befrreite Zukunft."

In meinem Ohr schrumpfte das Surren. Der Schweiß auf der Stirn verdunstete kalt. Die Übelkeit legte sich.

„Es tut mir leid. Ja, natürlich, verstehe", sagte ich.

„Gut", sagte Christian. „Dann würrde ich darrum bitten, dass ihrr euch langsam wiederr in Stellung brringt. Stellt euch wiederr auf. Wirr tauschen. Die Männerr sind nun an der Rreihe. Und denkt immerr darran: Sagt Ja, zu allem, besonderrs zu eurren Körrperrn. Sagt das heilige Ja von Nietzsche. Amorr Fati. Amorr Fati."

Ich half Johanna beim Aufstehen. Christian strich mir im Vorbeigehen mit einem Finger von oben nach unten über das Rückgrat und sagte, dass ich auf meine Haltung achten müsste. Ich brachte mich in Stellung. Als ich das erste Mal weit ausholte, wusste ich schon, dass es mir äußerst schwerfallen würde, aufzuhören.

die dunkelheit verhält sich stofflich. ihr stoff ist beschriftet und überladen und überfrachtet. und damit auch der körper von ●. die dunkelheit dunkelt nicht, sie dunkelt nicht nach, sie knistert nicht und wächst nicht und lässt in sich nichts weiter zu als sich selbst und den körper, den sie hält, an dem sie festhält, den sie umfängt. sie dämmert nicht, sie bricht nicht herein, sie bricht nicht erst über den körper herein, sondern bleibt in gleichem maße schwarz, wie er in ihr erstarrt liegen bleibt.

die starre ist enorm.

die stasis ist enorm.

das gewicht ist enorm.

Johanna hatte am Telefon zu ihm gesagt, es sei dringend. Sie hatte gesagt, sie wisse, dass es spät sei, tiefste Nacht, aber sie sei nicht in der Lage, bis morgen zu warten. Sie hatte gesagt, dass sie mit ihm reden müsse, unbedingt. Über das, was im Atelier vorgefallen war. „Ja, kein Problem. Du kannst vorbeikommen. Ich bin noch länger wach."

Der Sohn hatte ihr seine Adresse genannt, und sie hatte sofort aufgelegt. Nun saß er zurückgelehnt auf seinem roten Sofa und starrte den Lampenschirm an der Decke in Grund und Boden. Der Trichter aus Milchglas konnte nur seltsam gelbliches Gewitterlicht in den Raum werfen, egal, welche Glühbirne in welcher Form, Wattstärke, Mattheit usw. man einschraubte. Dieser Lampenschirmtrichter schaffte es tatsächlich immer, kaum dass man den für ihn zuständigen Wandschalter betätigt hatte, die Helligkeit jedes Glühdrahtes derartig zu verformen, dass man sein Leuchten unweigerlich als „Im Zeichen einer Bedrohung" bezeichnen musste, dessen Vorahnungsflair sich gleichmäßig über das ganze Zimmer ausbreitete. Daher bevorzugte der Sohn den

Deckenfluter in der linken Ecke, der in diesem Augenblick auch eingeschaltet war und warmes Licht nach oben sendete, während der Glastrichter, den er bereits seit mehreren Minuten ganz genau im Auge hatte, an seinem leblosen Schweif unnütz und eifersüchtig von der Decke hing.

Zwanzig Minuten später läutete es an der Tür. Er stand auf, ging zur Gegensprechanlage und drückte den Knopf, ohne in den Hörer zu fragen. Er öffnete die Tür der Wohnung, trat ein Stück auf den Flur hinaus und horchte nach den Schritten, die sich von unten über die Stufen her näherten. Sie näherten sich rasch. Dann war Johanna da. Und ohne ein Wort drängte sie sich an ihn und drängte ihn mit sich in die Wohnung zurück. Er schloss irgendwie die Tür, und sie küsste ihn auf Mund und Wangen, und er küsste sie zurück, und sie küssten sich am Hals, und er zog ihr den Mantel aus und den schwarzen Kapuzenpullover über den Kopf und ließ beides auf den Boden fallen, während sie am Gürtel seiner Hose zog und ihn öffnete und danach die Hose öffnete und gleichzeitig sein T-Shirt nach oben schob. Sie taumelten ins Wohnzimmer zum roten Sofa und ließen sich darauffallen, und er dachte an das, was im Atelier passiert war, und er sagte es nicht laut, sondern öffnete ihr umständlich den schwarzen BH und zog ihr die Jeans und das Höschen aus, und sie lag vor ihm, nackt, und er konnte ihre Rippen sehen, die sich klar und deutlich und einzeln unter ihrer Haut abzeichneten und die weiße Haut wellten, und ihre Hüftknochen, die spitz an beiden Körperseiten herauswuchsen. Sie sah ihn an und sagte „Schnell, mach das Licht aus", und er ließ von ihr ab, setzte sich auf und drückte den Schalter vom Deckenfluter. Dann senkte er sich wieder hinab zu ihr und streichelte sie, vorsichtiger als noch bei der Tür, und trotzdem zuckte sie kurz zurück, als er eine Stelle in ihrem Gesicht berührte, und sie sagte „Vorsicht, da nicht", und da strich er über ihren Bauch, und sie griff in seine Boxershorts und rieb seinen Schwanz, der bereits hart war, und er war über ihr und küsste ihre Brüste und saugte an ihren steifen Brustwarzen, und sie seufzte kurz auf, während sein Atem schneller wurde. Dann drückte sie ihn weg und sagte: „Kondom, ein Kondom, schnell, hast du eins da?", und er sprang auf und lief durch das Dunkel der Wohnung ins Badezimmer und holte aus einer Schublade das Rechteck aus Plastik. Dann war er wieder bei ihr, und sie drückte ihn zurück auf das Sofa und setzte sich auf ihn, wolkenleicht, und er fühlte, wie ihre Spalte pulsierte, er fühlte es an seinem linken Oberschenkel, und er hörte, wie sie das Kondom aus der Verpackung riss, und er spürte, wie sie es ihm über die Eichel zog, und dann spürte er, wie sie seinen Schwanz in sich einführte, in ihre warme Enge, wie sie sich auf seinen Schwanz setzte, wie er in sie eindrang, wie er seinen Schwanz in ihre Enge trieb. Und sie stöhnte leise, während draußen auf der Straße ein Hund bellte, und er dachte an nichts und hoffte, dass sie so wie er an nichts dachte, so sah sie auch für ihn aus, sie sah nichtdenkend aus, und sie bewegte sich auf und ab, er streckte sich zu ihr nach oben und umschlang sie mit den Armen und drückte sie noch fester an sich und sich noch tiefer in sie hinein. Sie war so leicht, und er spürte die einzelnen Knochen, als er ihr über den Rücken strich, ihre Schulterblätter, ihre Wirbelsäule, jede Wirbelerhebung, und er stockte kurz in seinen Bewegungen und fragte sie, ob alles in Ordnung sei. Sie sagte nichts, sie nickte nur und dann sagte sie, dass er sie ficken solle, fest, „komm schon, fick mich, bitte", und er fickte sie, sie fickten, sie auf ihm, in ihrer Leichtheit, und er fühlte sich leicht mit ihr. Sie sagte: „Fass

mich an, da unten, fest", und er fasste sie an und massierte
ihren Kitzler, und sie stöhnte auf und sagte: „Ja, genau, mach
weiter", und sie stöhnte laut weiter, und ihr Stöhnen erinnerte ihn an das Piepen eines LKWs im Rückwärtsgang,
und sie führte ihre rechte Hand nach hinten und massierte seine Hoden, und er stöhnte, und sein Atem wurde noch
schneller. Mit der anderen Hand fasste er an ihre Brüste,
und das Sofa unter ihnen quietschte, und der Hund draußen hatte zu bellen aufgehört, und es zog sich in ihm zusammen, und er sagte „Ich komme", und sie sagte „Fester,
komm", und dann fuhr es in ihm auseinander und aus ihm
heraus, und er war vollständig unter Spannung, und sie warf
auf ihm ihren Kopf zurück und stöhnte laut auf.

Er sank keuchend zurück. Sie keuchte auch. Er spürte
sein Herz trommeln. Er fragte sie außer Atem, ob alles okay
sei und ob sie gekommen sei. Sie sagte, ja, alles gut, aber
nein, sie hätte noch ein wenig gebraucht, und er sagte, dass
es ihm leid tue, dass er es aber nicht länger hätte zurückhalten können. Da rollte sie sich von ihm herunter und vom
roten Sofa, er hielt schnell das Kondom am Ansatz fest. Sie
stand nun aufrecht im Dunkel. Sie sagte sonderbar: „Macht
nichts, es war trotzdem ganz gut." Er pellte seinen Schwanz
aus der Plastikhaut und ging ins Badezimmer, dort warf er
sie in den kleinen Plastikmülleimer. Er hörte sie im Wohnzimmer noch einmal sagen, ja, es sei schon ganz gut gewesen, aber er solle sich gefälligst nichts darauf einbilden.
Und sie sagte, er solle nur ja nicht vergessen, dass es *ihr*
Körper sei und dass dieser nur *ihr* gehöre und nur *ihr* ge-
horche, *ihr allein*, und dass nur sie allein das Recht habe,
über ihn zu verfügen. Er ging mit einer Packung Taschentücher zurück ins Wohnzimmer. Sie hatte bereits den Kapuzenpullover angezogen und war gerade dabei, den Knopf

ihrer Jeans zu schließen. Er hatte sie gehört, aber nicht richtig verstanden, und er antwortete nicht. Er fragte sie stattdessen, ob sie ein Taschentuch brauche. Sie schüttelte den Kopf und sagte, dass sie nun wieder gehen müsse. Sie müsse heim, sie brauche Ruhe und Abstand und Zeit für sich selbst. Über das im Atelier Vorgefallene könnten sie ein anderes Mal reden. „Ich weiß aber gar nicht, ob das jetzt überhaupt noch notwendig ist", sagte sie. Er ging zum Sofa, hob die Boxershorts auf, sammelte dann Hose und T-Shirt bei der Wohnungstür ein und zog die Sachen dort an. Sie stand dicht bei ihm, hatte den Mantel schon zugeknöpft, hielt schon die Klinke in der Hand. Er lehnte an der Tür und zog sich die Socken hoch. Er dachte, dass sie denken musste: *Gib den Weg frei. Gib endlich den Weg frei.* Sie stand vor ihm, und dann lachte sie laut und eigensinnig, und er trat zur Seite, und sie drückte die Klinke nach unten und schlüpfte auf den Flur hinaus. Dort drehte sie sich noch einmal um und sagte etwas, das er nicht verstand, in seinen Ohren klang es wie ein Wort zum Abschied, und darum antwortete er „Bis bald", aber als er die Tür schloss, beschlich ihn das Gefühl, dass er etwas grundlegend Falsches gesagt oder getan hatte, etwas so absolut Falsches, dass es für Johanna nichts anderes gewesen sein konnte als eine beeindruckende Bösartigkeit.

aber der körper von ● hält dem druck stand.
der körper von ● hält die stellung.
der körper von ● fällt nicht mehr auf, und er fällt nicht mehr auseinander.
der körper von ● ist chronisch und/oder chronistisch, jedenfalls nicht anachronistisch.
der körper von ● ist berechenbar.

der körper von ● ist eine demilitarisierte zone.

der körper von ● ist ein offener aktenschrank.

der körper von ● wird nicht mehr subversiv unterlaufen.

der körper von ● unterläuft nichts mehr subversiv.

der körper von ● ist nicht mehr subtil.

der körper von ● ist nicht mehr mythisch.

der körper von ● ist die metapher für die metaphern.

der körper von ● hat keine funktion, aber er funktioniert.

der körper von ● schiebt seinen sinn nicht mehr auf.

der körper von ● ist eine bleiwüste.

und ● ist zurück in utero, ohne die wärme und das frucht-
wasserschweben.

*Verstehst du das? Ich kann deine DNA nicht auskotzen. Ich kann
sie nicht aus mir herauswürgen, aus meiner Kehle herauszie-
hen wie Luftschlangen oder wie zwei versehentlich verschluckte
Rapunzelhaarsträhnen. Diese beiden spiralenden Schnüre, ich
kann sie auch nicht verdauen und ausscheiden, deine spezielle
Des... Desoxy-ribo-nukle-in-säure. Dass ich dieses Wort noch
denken kann, grenzt an ein wahres Wunder.* Vor der offenen
Tür schlendern wachtturmbewaffnet drei Zeugen Jehovas
vorbei. *Was soll ich tun, sag mir, was ich tun soll? Du liegst da
und sagst nichts, kannst du mich nicht denken hören, kannst
du nicht auf meinem Gesicht ablesen, wie es mir geht, was in
mir vorgeht? Du schaust durch mich hindurch oder an mir
vorbei, bin ich aus Glas für dich oder nicht einmal das?* Eine
Krankenschwester, wortlos im Flur ein beinahe wortloses
Gespräch zwischen zwei Patientinnen tilgend. *Aber weißt
du was, ich werde so werden wie du, das habe ich im Gefühl,
und es ist mehr als eine Ahnung, ich werde so werden, wie du
jetzt vor mir liegst, das weißt du hoffentlich. Ich werde dir nicht
nur ähnlich werden, nein ... ich werde ganz genau so werden,*

ganz exakt genau so werden wie du, ich bin schon auf dem besten Weg. Ich bin schon dabei. Ich muss dich jetzt schon ausbaden. Natriumorange Vorhänge, nachdämmernder Widerschein im Stoff. *Ich werde genau so werden, und ich werde genau so enden wie du, wie du hier vor mir liegst. Ich werde dich weiterhin ausbaden müssen. Und jetzt kommt das Allerbeste: Dieses sogenannte* Schicksal *muss ich lieben lernen. Lernen, JA dazu zu sagen. Einmal noch, nur noch ein einziges Mal: eine Tasse mit Ovomaltine und eine Schüssel mit Milch, Froot Loops und Lügen. Das hat man mir gesagt, Christian und Julia haben mir das gesagt. Für eine glückliche, „freie" Zukunft, wie Christian gesagt hat. Affirmation. Weißt du, wie ... wie schwierig ... Nein, Blödsinn, das stimmt nicht, alles gelogen, nein, nein, keine Sorge ... das ist nur dummes Gerede, dummes, negatives Bedauern ... es wird eine Zukunft geben für mich. Mit Träumen und Hoffnungen. Den ganzen idealistischen Kram. Bestimmt. Ganz bestimmt. – Hier fehlen lustige Wandtattoos, daran mangelt es hier. – Christian, der kennt sich aus, er weiß, was er tut. Julia genauso, sie haben beide Ahnung davon ... Es dauert nur seine Zeit ... aber ... ich ...* Substanzarme Zinnen der Häuser draußen. *Mir läuft sie davon, die Zeit, ich bin schon am Vergessen, genau wie du, auf die gleiche Art, wie es wahrscheinlich bei dir begonnen hat. Ich verstehe nicht mehr, und ich höre nur noch Horizontloses. Und allgemeines Entfallen. Ich weiß um die Mittagszeit nicht mehr, ob ich am Morgen gefrühstückt habe und ob ich meine Tabletten genommen habe. Ich kann mich an Sätze nicht mehr erinnern, die ich gesagt haben soll. Keine Spuren, keine Hinweise, nicht die kleinsten Indizien, keine Fährte. Verstehst du? Ich muss jedenfalls JA dazu sagen. Ja, ja, ja, ja, ja. Ich* will *auch JA dazu sagen. Zu allem JA sagen. Ich liebe dich ja. Aber ... es ist kaum auszuhalten.*

Der Vater lag dort mit halb geöffneten Augen und halb

geöffnetem Mund. Auf das Eintreten des Sohnes hatte der alte Mann keine Reaktion gezeigt.

Ich muss dich und deine DNA immer und immer wiederholen, wie alles andere. Ich muss dich wiederholen, und das heißt, dass ich dich vergessen muss. Ich will nicht. Aber es geht scheinbar nicht anders. Eine Kühle des Raumes, wie sie gelegentlich Tankstellen ausstrahlen. *Du wirst mir immer zuvorgekommen sein. Epigonale Wiederholung deiner DNA, die Verdoppelung deiner Doppelhelix. Bin ich nur deine Sekundärliteratur? Deine Tertiärliteratur? Dein verregnetes Copy-Paste-Plagiat? „... ein Hut, ein Stock, ein Damenunterrock, und* vorwärts, rückwärts, seitwärts, stopp, und ..." *Bin ich nur am Dich-Nachäffen, am Dich-Abkupfern. Bin ich nur dein Papagei, nur eine Verlängerung, ein Wurmfortsatz, ein Blinddarm, eine schale Reproduktion? Auch deiner Überempfindlichkeit, deiner depressiven Disposition? Neurologisch-biochemisch analysierbar, erklärbar? Oder nicht.* Altes Ehepaar, hintereinander trottend, sie die Vorhut des Blinden, seine Hände auf ihren Schultern. *Oder vielleicht, vielleicht bist du nicht der Einzige, vielleicht äffe ich nicht nur dich nach, sondern auch andere, alle anderen, alle möglichen anderen, vielleicht. Das wäre auch eine Erklärung. Ich äffe sie nach, indem ich das Nachäffen oder die Frage nach dem Nachäffen nachäffe, hier, bei dir, wie so viele schon vor dir und vor mir. Man hat mehr als einen Vater, tausende, ob man will oder nicht. Es gibt kein Entkommen.* Wasser im Abflussrohr, es rauscht hinter der Wand wie eine ungestimmte Geige. *Sie hat gelacht, hörst du, verstehst du? Sie hat gelacht. Warum hat sie gelacht? Hat sie deshalb über mich gelacht, weil sie mich erkannt hat, als den Trittbrettfahrer, der ich bin? Oder als einen Wechselbalg? Sie hat etwas gesagt zu mir zum Abschied, und ich habe es nicht verstanden. Ich habe es nicht verstanden, und ich weiß nicht warum.*

Ich habe es verstehen wollen. Sie hat es laut genug gesagt, und ich hätte es eigentlich verstehen müssen. Auch mit dem Getöse in meinem Ohr, das war zu dem Zeitpunkt nicht schlimm. Ich hätte es verstehen müssen. Verstehst du mich? Stimmungsbarometer: im Keller. Wo die vermoderten oder ausgetriebenen Kartoffeln Würfelpoker spielen und der Schnaps betrunken in einem Winkel schläft. Bitte versteh mich. Und jetzt weiß ich nicht, was passiert ist. Das häuft sich. Ich weiß nicht mehr, was passiert. Und sie, sie geht wahrscheinlich noch immer im Laub spazieren, allabendlich, die Mutter, bin schon gespannt, was sie tun wird, wenn der Winter kommt, wenn der Boden gefriert, ob sie dann durch den Schnee und über das Eis stapfen wird. „Was meinst du mit ‚im Voliere‘? – Schlechter Empfang hier. Und laut. – Hallo? Ich ... ich hör dich nicht. – So, jetzt wieder. Kann doch nicht sein, Schatz. Nein, unter – Ja, ja genau, unter der Spüle. Ja, schau dort nach. – Kann man hier nicht einmal in Ruhe tel...“ *Ob sie ausrutschen und sich das Bein brechen wird? Was glaubst du? Wird sie im Winter auch am Abend spazieren gehen, anstatt hierher zu kommen? Was glaubst du?* Katzentransportkäfig, aus dem Kupferrohre ragen und seltsame Schläuche, vom Hausmeister vorbeigetragen. *Wir könnten uns wieder verstehen, wir beide. Jetzt, wo ich weiß, dass wir beide bereits auf demselben Weg sind, denselben Weg vor uns haben. Du gehst nur mit einem leichten Vorsprung voraus, ich glaube, ich könnte dich einholen, und wir könnten uns verstehen, wenn wir es versuchen. Sag was, wir könnten wieder miteinander sprechen, und ich glaube, dass wir uns verstehen würden. Wir überschneiden uns, es gibt Überschneidungen, wir verlieren beide den Verstand, verlieren wir ihn doch gemeinsam, den Verstand, was sagst du?* Blendenfleck, Reflexion eines Handspiegels oder einer Armbanduhr, schießt wild herum. *Durch den Türspalt, genau, durch*

den Türspalt, ich weiß schon, mir liegt es im Hinterkopf und auf
der Zunge, bald weiß ich es genau, ich vermute darin ... ja, ich
ahne, worauf es hinausläuft, andere Krankenschwester, jünger, ihr Arm wie einen gebrochenen Flügel oder einen angeschraubten Bleistift vom Körper weggespreizt, schlackert beim Vorbeigehen, als könnte sie die grausamen Schmerzen in ihren Stöckelschuhen kaum ertragen, sie kommt oder geht, *ich ahne, worauf du hinauswillst ... durch den Türspalt ... das wird sich zeigen, ja. Die Mutter, stimmt das, sie ist auch dort, ja? Gib mir eine Orientierungshilfe, irgendeinen Zaunpfahlwink, ich gehe mit dir, ich sehe was, was du auch siehst, ich lasse mich nicht ablenken, gehen wir gemeinsam, durch den Türspalt, ich werde mich mit dir daran erinnern ... Hilfst du mir dabei?*

Und als eine Art Bestätigung packte der Vater unvermittelt und grunzend den Unterarm des Sohnes und trieb seine Zähne so fest in und durch die Haut seines eigenen Fleisches und Blutes, ähnlich wie in das saftige Fruchtfleisch einer Blutorange, dass dieses aufschrie, während Blut die Lippen des Vaters dunkelrot färbte und Fleisch in seinen Mund wanderte.

Kapitel 9

der verfaulende körper ist ~~tot²~~/lebendig. der körper ist noch
immer fixiert, er ist ruhig gestellt, und das widerspricht
dem (ver)wesen des leichnams. die ruhe potenziert das ~~tot~~.
das lebendig, nicht unbehelligt, ist blasser geworden. das
~~tot~~ hat sich vermehrt und scheint übermächtig in der nacht.
die hände sind faltig und lassen sich im dunkel nicht falten.
ein gebet in getrocknetem zement wäre unmöglich. dieses
geschlossene koordinatensystem zeigt sich wasser- und ge-
betsabweisend. der brutal gebettete körper in der badewanne
entspricht dem wesen von ●: abgeschirmte unausgedehnt-
heit. der körper ist in verwahrung, ohne bewahrt zu werden.
er ist entsorgt und vakuumverpackt. und doch strömt der
körper in das vakuum hinein, das verwesende fleisch über-
steigt im weiteren zerfallen die intakten oder aufgelösten
oder abgebauten hautgrenzen. per methan, per ammoniak,
per proprionsäure, per essigsäure. die graue, glatte substanz,
die auch den körper innen besetzt hält, die in den körper
hineingekrochen ist, sich mit ihm verschränkt hat, chias-
misch, wird vom körper leise und leicht okkupiert und konta-
miniert. der körper unterwandert sie, sickert in sie hinein.

Die Mutter betrachtete noch immer den Verband. *Kannst
dich nicht daran sattsehen, oder? Nein.* Im unteren Drittel hatte sich ein kreisrundes Etwas gebildet, eine kleine Sonne,
schwach leuchtende Absonderungen der heilenden Haut
wie durch Nebelschwaden.

„Du wechselst den Verband schon regelmäßig, oder? Nur
damit sich nichts entzündet und keine Bakterien ..."

„Heute bereits gewechselt", sagte er, „ich passe schon auf."

„... und die Wunde desinfizieren. Aber nicht zu fest. Sie muss atmen können. Das wäre ..."

„Ja, ich weiß. Ich passe schon auf."

„Wie konnte das nur ...?"

„Ich hab es dir doch erzählt, es war ... ich habe nicht reagieren können, so schnell hat er ..."

„Hast du etwas zu ihm gesagt, das ..."

„Nein."

„... oder ihn sonst irgendetwas aufgeregt ..."

„Da war nichts. Gar nichts."

„Du bist nur bei ihm gesessen."

„Ja."

„Und hast nichts zu ihm gesagt."

„Nein. – Wenn die Pfleger nicht so geistesgegenwärtig ..."

„Ich verstehe es nicht."

„Dabei war es gar nicht das erste Mal", sagte er.

„Wie bitte?"

„Er hat es doch schon mal getan."

„Was hat er ..."

„Damals, wie er mir Radfahren beigebracht hat."

„Was redest du da?"

„Damals, als ich nicht bremsen konnte und er ... da hat er mir auch in den Unterarm ... zwar nicht so fest wie dieses Mal, aber doch so, dass man es ..."

„Dummes Zeug. Ich war doch dabei. Du hast drei oder vier Anläufe gebraucht, dann bist du problemlos gefahren. Perfekt. Ohne Umfallen. Ohne Zwischenfälle hat er es dir beigebracht. Ganz ohne irgendwelchen Ärger."

„Das habe ich ... anders in Erinnerung. Ganz sicher."

„Da täuschst du dich aber gewaltig."

„Nein."

„Warum ... warum glaubst du so etwas? Du solltest ...“

„Ich bin ... ich ... es war ein ... ein Nachmittag ... und es war warm, und ...“

„... überlegen, ob du nicht ...“

„... er war wütend wegen dem Bremsen, und ich habe es nicht können und er hat mich dann ...“

„... findest du nicht, es würde dir vielleicht ...“

„Aber wenn das nicht wahr ist, was ...“

„Ich habe es mit meinen eigenen Augen gesehen. Es war harmlos, wirklich. Er hat dir nichts getan damals. Glaub mir das. Du tust ihm immer Unrecht.“

Unverständliches Murmeln des Sohnes.

„Was sagst du?“

„Ich ... er hat mich gebissen gestern ... ist das ...? Und du glaubst, dass ich ihm Unrecht tue? Was ...“

„So hab ich das nicht gemeint.“

„Du hast es *genau* so gemeint.“

„Ich habe nur sagen wollen, dass er heute nicht mehr weiß, was er tut ...“

„Da wär ich mir nicht so sicher. Ich glaube schon, dass ...“

„... und dass er dir noch nie etwas getan hat. *Dir* hätte er nie was getan. Auch nicht in den Zeiten, in denen ... in denen er getrunken hat. Er hätte dir nie ...“

„Und warum erinnere ich mich dann dran, kannst du mir das sagen?“

„Nein. Aber vielleicht ... vielleicht musst du etwas dagegen ...“

„Hab dir doch bereits erzählt, dass ich wieder mit der Philosophie angefangen hab.“

„Das schon, aber ...“

„Jedenfalls arbeite ich bereits daran. In einer Gruppe.“

„Dann ist ja gut. Aber ich meine nur, also, ich frage nur,

bist du sicher, dass ...? Du musst schauen, ob das auch der richtige Weg ist, ob das der Weg ist, der zu dir passt und der für dich funktioniert."

„Ja."

„Ich will nur, dass es dir gut geht. Verstehst du? Dass du glücklich bist. So sind Mütter. Das ist ganz natürlich. Ist das so schwer zu begreifen?"

„Aus diesem Grund ...", sagte er heiser, „genau aus diesem Grund habe ich immer ein schlechtes Gewissen. Ununterbrochen. Genau deshalb. Du willst ... du willst es nicht nur ... du erwartest es von mir. Oder? Dass ich glücklich bin. Gib es zu. Du forderst es ein. Dass ich so glücklich bin wie du. Du. Für dich ist alles in Ordnung. Gratuliere. Freut mich. Vielleicht nimmst du die effektiveren Tabletten. Vielleicht sind es auch deine Spaziergänge. Oder vielleicht geben dir inzwischen die schrecklichen Erzengel oder der Herrgott persönlich Kraft, keine Ahnung. Tut mir leid. Dieses Mal, dieses eine Mal muss ich dich leider enttäuschen. Dich und deine Erwartungen. Nur damit du's weißt. Also, bitte, tu mir den Gefallen und stell dich drauf ein."

„Dann mach doch, was du willst", sagte die Mutter.

„Gut", sagte er, „wie du willst", und er verließ das Haus und warf die Tür mit einem Knall hinter sich ins Schloss.

der körper von ● beginnt sein gehäuse zu weiten, sein gebiet zu erweitern, minimal, aber ausdringlich, atom um atom, molekül um molekül, mm³ um mm³. die schmetterlingsflügelzarten hautreste beginnen zu flattern, sie dünsten das fleisch aus und die muskeln. an anderen stellen sondern sich die muskeln und sehnen direkt selbst ab, ohne membranvermittlung. die gasförmigen ausdünstungen sammeln sich zwischen den körnungen der grauen härte. sie schaffen

atmosphäre. sie schaffen sich platz. sie dringen in die hohl-
räume vor und in die zwischenräume ein und vergrößern
sie mikroskopisch und drücken sie weiter auf. sie zeitigen
feine risse, sie lassen lufttaschen entstehen, sauerstoff-
nischen. sie arbeiten sich langsam und unerbittlich in die
zementschichten hinein und durch sie hindurch und weiter nach oben.

*Selbstverständlich. Sie vermutet selbstverständlich als allerers-
tes, dass ich selbst schuld bin. Dass ich etwas zu ihm gesagt habe. Dass ich der Auslöser gewesen bin. Ich bin in ihren Augen
der Auslöser gewesen. Ich habe ihn natürlich durch meine bloße Anwesenheit provoziert und am Ende dazu gebracht. Durch
meine bloße Präsenz. Erwischt. Eiskalt erwischt. Eine richtige
Detektivin bist du. Bravo. Fall gelöst. Und ich soll am Hallu-
zinieren sein. Ich. Sie ist es, die ... Aber wenn es nach ihr geht,
erfinde ich natürlich irgendwelche Erinnerungen, die es nie gegeben hat. Ja, genau, ich verdrehe die Tatsachen. Genau. Ich
verdrehe die Tatsachen und alles drum herum. Ganz genau.
Und ich erfinde und verdrehe das Erfundene wieder. Tatsächlich, ich bin hier der Einbildungstäter. Nur dass ich kein Motiv
habe. Welches Motiv sollte ich denn haben, meine Liebe? Ich
hab keins. Warum sollte ich so etwas erfinden? Warum sollte
ich seine Wut von damals erfinden? Ich habe keinen Grund,
nicht den geringsten. Warum sollte ich mir so was einbilden
oder ausdenken? Ich sehe es vor mir, klar und deutlich, so, wie
es gewesen ist. So ist es gewesen. Beim Fahrradfahren. Da gibt
es keinen Zweifel. Sie ist verwirrt, die Gute, ist auch schon am
Vergessen. Ja, das wird es sein. Es ist viral. Wir haben es alle.*
Endlich die Straßenecke, hinter der sich fünf Hausnum-
mern weiter die bekannte grüne Tür befand. Auch der as-
phaltische Bodenbelag hier hatte sich anscheinend etwas

zugezogen, etwas geholt, eine mittelalterliche Seuche, denn er war plötzlich übersät von schwarzgetretenen, dicht gedrängten Kaugummiflecken, so dicht gedrängt, dass die flachen Pusteln sich da und dort berührten und ansteckende Küsse tauschten. Oder waren es Kleckse aus einer riesigen, undichten Selbstmördermilz, die über die Stadt geschwebt war wie ein Luftschiff aus einem Science-Fiction-Film, wie ein Luftschiff in Gestalt eines Riesenkraken mit Saugnäpfen an den Fangarmen, die Luftkissen erzeugten, aus denen es tropft? Niemand ist immun. Er versuchte, den münzgroßen Fladen so gut es ging auszuweichen. *Das liegt in der Familie. Ist aber egal. Es ist völlig egal. Vergessen ist wertvoll. Es ist an sich produktiv und positiv. Das ist es, was Christian meint, das ist es, was er uns mitgeben will. Umwertung der negativen Bewertung des Vergessens.* Schlüssel ins Schloss der grünen Tür, die er mit der Schulter aufdrückte. *Sein Vergessen, ihr Vergessen, mein Vergessen, das eigene und das fremde Vergessen. Es nicht ablehnen oder dagegen arbeiten, sondern stattdessen begrüßen und mit offenen Armen empfangen. Weil es einen für die Zukunft öffnet. Darum ... Darum muss es einem letztlich egal sein, wie sich was abgespielt hat, Hauptsache, es ist vorbei und man kann damit abschließen. Ich kann damit abschließen. Ich bestimmt. Stufen. Stufen. Stufen. Nur sie, sie schafft es nicht. Sie tut zwar so, als ob ... aber diese Vehemenz, mit der sie ihn verteidigt hat, mit der sie ihn freigesprochen hat, mit der sie gleichzeitig das damals Geschehene verleugnet hat, da ... darin zeigt sich etwas. Da besucht sie ihn nicht, will nichts von ihm wissen, und jetzt ... Und warum soll ich jetzt ein schlechtes Gewissen haben?* Die Fußmatte mit dem Welcome-Schriftzug. *Ich brauche keines zu haben, ich nicht, sie schon. Ich habe ihn besucht, mehrmals. Ich habe mir nichts zuschulden kommen lassen, aber sie, sie ... vielleicht steckt da mehr dahinter, vielleicht ist* sie *es, vielleicht geht es* ihr *an den Kragen,* noch in den Schuhen legte er sich wie ein Säugling auf das rote Sofa, der Kopf fontanellenoffen, weltoffen und aufnahmebereit, und schaltete den Fernseher an, indem er irgendeinen Knopf der Fernbedienung drückte, *und das alles ist nur ein Ablenkungsmanöver, vielleicht will sie nur ablenken, von sich selbst, von dem, was einmal passiert ist, und es ist etwas passiert, irgendwann, zwischen ihm und ihr. Und ich war auch dabei, ich war daran beteiligt, wahrscheinlich, irgendwie, ich weiß es nur nicht mehr, ich weiß es nicht mehr. Sie löschen langsam mein Gedächtnis, mit einem Schwamm wird alles Wichtige weggewischt.*

Auf dem Privatsender, der sich wie ein Magnetberg vor ihm auftat und ihm entgegen ragte, lief ein postmoderner Kunstfilm aus den frühen 90er Jahren, retro-trashig produziert, in Schwarz-Weiß, es war ein gepflügter Acker zu sehen, avantgardistisches Standbild, menschenleeres Stillleben. Dem folgte eine fast unerträglich langsame Fahrt der Kamera über Nadelbaumwipfel. Und eine apokalyptische Männerstimme aus dem Off, die sich anhörte, als ob sie auch jetzt noch für jedes traditionelle Endzeitrevival gebucht werden könnte, sagte währenddessen tonlos über die Erdfurchen und Äste hinweg:

„.... dekonstruiert und verlassen. Die Bedeutungen der Wörter sind untergegangen, sie sind zwischen uns untergegangen, im Zwischenraum unserer Münder. Dort sind sie mit ihrer eigenen, bisher noch sorgsam maskierten und kaschierten, um sich selbst kreisenden Geschwätzigkeit in Berührung gekommen, und daraufhin sind sie restlos zu Asche verbrannt, zu jener Art von Asche, die so flüchtig und fein und unantastbar ist, dass aus ihr niemals mehr auch nur ansatzweise etwas Phönixartiges heraussteigen können

wird. Denn in ihrer Geschwätzigkeit, in ihrer un-
glaublichen Beschreibungswut haben die Wörter irgendwann so getan, als ob sie alles beschreiben
könnten, als ob das, was sie bezeichnen, in ihnen voll-
ends aufgehen würde, als ob die von ihnen bezeichneten Gegenstände ihr Gegen aufgegeben hätten und
nurmehr dastehen würden, lückenlos beschreibbar
und in einem vollständig ausgebreiteten, glasklaren
und gesättigten Zusammenhang, der keine Fragen
mehr offenlässt, der endlich keine Wünsche mehr offenlässt. Es bedeutet, was es bedeutet, und es erklärt,
was es ist, und damit ist und bedeutet es nichts mehr
und erzählt auch nichts mehr. Die Sätze sind von nun
an kurz und bündig. Die wahren Sätze. In ihnen hisst
ein unbeweglich gewordenes, übersättigtes und ent-
waffnetes Metaphernheer die weiße Fahne. Die Ein-
deutigkeit hat sich durchgesetzt. Und somit hat die
Verwechselbarkeit gewonnen. Und die Bedeutungs-
schwangeren zu Hause haben sich inzwischen ihre
Kinder aus den Leibern geschnitten, sie zerstückelt
und gleichzeitig, wie auf Absprache, die tausenden
Toiletten hinuntergespült. Jetzt herrscht Wassermangel
gel und ein Mangel an Geheimnissen. Es kommt keine Erleichterung auf. Vielmehr ist es ein ..."

Er wechselte aus seiner leicht geöffneten Kindslage heraus die Sender, die Bäume verschwanden, stattdessen Tele-
shoppingpräsentation eines 32-teiligen Nostalgie-Weihnachts-
stempelsets zu € 19,99 zzgl. Mwst. und Versandkosten mit
einem sehr sichtbar schwulen Verkäufer, Reportage über
Massentierhaltung, Sitcomgelächter, Smartphone-Videoauf-
nahmen eines havarierten Bootes mit 932 toten Flüchtlingen
nahe einer Küste, gescripteter und gar nicht mal so amateur-
haft umgesetzter Reality-Soap-Konflikt, Nachrichtenbeitrag
zu einer neugegründeten Partei der Universalen Separatis-
ten, Horrorfilmszene mit detaillierten Nahaufnahmen einer
wasserstoffblonden Minderjährigen, die soeben langsam,

grausam und einfallsreich zu Tode gequält wurde, Experten-
Analyse der letzten Anschläge auf Fast-Food-Restaurants in
Paris–London–Mailand, Wiederholung eines Castingshow-
finales mit den größten und vielversprechendsten Musik-
talenten, Werbung für ein koffeinhaltiges Antihaarausfall-
shampoo, neuer, viraler Youtube-Trend, bei dem Mehlmot-
ten eine wichtige Rolle spielen, Klatschspalten-Bilder eines
kokainsniffenden, crack- und methrauchenden Hollywood-
stars der Promi-Kategorie C–, Live-Übertragung eines Vol-
leyballmatches aus der Regionalliga Nord-West und wieder
zurück.

die menschliche fäulnisfabrik lässt den zement aufbrechen.
die oberfläche reißt. der verwesende körper spaltet sie und
wird ekstatisch. seine gestankstacheln sprengen den zement.
der stacheldraht hat sich gelockert und gibt die hände frei.
● rekelt sich, richtet die brust aus den klirrenden bruch-
stücken auf und kommt wieder zutage. aus der badewanne
schwappt trockenes schüttgut, und große und feine beton-
scherben rieseln zu boden. ● stützt die befreiten hände an
den rändern der wanne ab und erhebt sich schleppend. ●
ist weder tot noch lebendig zu kriegen.

Es war viel zu warm für die Jahreszeit. Er saß auf einer Parkbank im Schatten. Vom Spielplatz hinter ihm drang sich bal-
gendes Kindergeschrei. Auf der Wiese vor ihm lümmelten
Menschen, sie hatten Picknickdecken unter sich, die par-
zellenweise von teils mehrstöckigen Tupperwaretürmen
in Anspruch genommen wurden. Am wolkenlosen Himmel
über ihm kreuzten und verknoteten sich die langen Garn-
fäden dreier Flugzeugkondensstreifen, die sich in gleich-
bleibender Länge und Breite dort hielten und denen man

beinahe glauben konnte, dass sie von nun an für immer im Blau bleiben würden; kein Wind in dieser Höhe, der sie hätte verwehen können. Die Parkbänke waren alle besetzt, manche mit vier Leibern, manche mit einem, der dann aber meistens mit nacktem Oberkörper ausgestreckt auf dem blanken Holz lag und sich bräunen ließ. Die meisten nack-ten Oberkörper waren tiefbraun; faltige, behaarte Bronzeskulpturen, Bearbeitungen des Sommers, von seiner Sonne gegerbt, aber nicht nur durch deren natürliche Einstrahlung, sondern auch mit Zuhilfenahme des künstlichen UV-Lichts, das an Regentagen in den Kunststoffsargbetten der Solarien die Melanin- und maligne Melanombildung angeregt und der individuellen Tiefenbräune auf die Sprünge geholfen hatte. Einigen sah man an, dass ihnen die wiederholten Verbrennungen und die nässelnden Blasen und die geröteten Ausschläge und die schlaflosen Nächte unter Schmerzen und Jucken unendliche Freude bereitet haben mussten, sie trugen die Narben und die schwarz pigmentierten, ausgefransten Muttermale, die bald entarten und fette Krebszellen werfen würden, stolz und fröhlich und sportlich frech auf sich spazieren. Ein paar andere kauerten mit dick aufgetragenem Sun-Blocker überdezent im Schatten und grenzten sich elfengleich und ätherisch von den banal-primitiven, proletarisch-grobschlächtigen Sonnenanbetern ab, indem sie diese spöttisch belächelten oder sie mit gerümpften Nasen oder, im schlimmsten aller Fälle, mit entsetzlicher Ignoranz straften, vor sich hin gafften und dem noblen Gott der faden noblen Blässe huldigten. Also wirklich – viele dieser lichtgeilen Heiden schliefen schließlich auch derartig ungeniert und selbstverständlich im prallen Schein ihres goldenen Kalbs, dass man sie eigentlich nur mit Benzin übergießen und in Brand stecken konnte, um ihnen zu zeigen, was wirkliche Hitze bedeutete, was es bedeutete, wenn die Sonne kalbte, und um ihnen ihren souveränen Umgang mit derselben ein für alle Mal auszutreiben.

Der Sohn saß auf der Parkbank und wartete auf Johanna und betrachtete die Menschen in ihrem Dasein mit einer bodenlosen Ernsthaftigkeit, die jedem ironischen Augenzwinkern ein Bein stellte, bevor sie es eigenhändig über ihren Rand in sich hineinzog. Die Ränder seines Körpers waren verschwommen, und es schien ihm, als hätte er sein Spiegelbild seit Jahrzehnten nicht mehr gesehen und als hätte er seit Jahrhunderten auch keiner Menschenseele mehr in die Augen geblickt. Er saß da wie ein bleiches, dreieckiges Stück Filz und nahm sich selbst ernst, todernst, attentäterernst in seinem T-Shirt, den beigen Bermuda-Shorts und mit dem verbundenen Unterarm. Die Wunde schmerzte noch immer. Auch die Seismographen seiner übrigen, unbeschädigten Haut schlugen unentwegt aus. Sie bebte mit 7,2 auf der zellulären Richter-Skala. Die anderen Parkbesucher waren ihm zu nahe, sie kamen ihm laistrygonenhaft in ihrem Nichtstun und in ihren Beschäftigungen zu nahe, auch wenn sie diese in einiger Entfernung ausführten. Es tat ihm weh zu sehen, wie sie von ihren belegten Vollkornbroten abbissen und still ihre Bücher und Zeitungen lasen, oder zu hören, wie sie auflachten und sich gegenseitig ihre Lächerlichkeiten aus ihren Berufen erzählten. Er nahm sie beim Wort. Und daher schoben sie sich wie tektonische Platten divergent und obszön an ihn heran und rieben ihn auf. Sie schoben sich über ihn und unter ihn, den Abstand ignorierend, die Distanz nivellierend. Er war eine geographische Subduktionszone, deren ironielose Masse sich kritisch und unsichtbar aufbäumte – eine Auffaltung, eine Verwerfung.

Johanna hatte diesen Park vorgeschlagen, weil er auf halber Strecke zwischen ihren beiden Wohnungen lag und sie einen „neutralen, öffentlichen Ort draußen an der frischen Luft" für geeignet hielt. Sie hatte kurz gezögert, glaubte er, bevor sie mit einem Treffen, das er als „Nachbesprechen" bezeichnet hatte, einverstanden gewesen war. Er sah sie kommen, sie hatte ihn noch nicht gesehen, er hob den unbeschadeten Arm und winkte ihr, sie drehte sich um, dann schaute sie zur Seite. Er konnte ihre Venen am Hals sehen und das Schlüsselbein, dann schaute sie wieder nach vorne, er winkte weiter, bis sie ihn im Baumschatten erkannte und auf ihn zuging. Er stand auf und wartete, und als sie bei ihm war, wollte er sie umarmen und an sich drücken, doch sie ließ es nur geschehen und erwiderte die Umarmung kaum. Sie wirkte kraftlos, ihre Arme waren Ärmchen, Ästchen, die aus dem dunkelblauen, viel zu großen T-Shirt ragten. Die Farbe ihrer hohlen Wangen ging nun im Schatten ganz in ein fahles Weiß über. Auf ihnen waren außerdem noch ein paar gelbsüchtige Stellen zu bemerken.

Sie setzten sich auf die Bank, und Johanna fragte bei gleichzeitigem Zeigen auf den Verband, was denn passiert sei, und er erzählte ihr den Vorfall mit dem Vater, den aktuellen. Er sagte ihr nichts von der Wiederholung, sonst hätte er zwangsläufig auch die Mutter ins Spiel bringen müssen, was er unbedingt vermeiden wollte, da er glaubte, die ganze Sache sei ohnehin schon kompliziert genug. Er berichtete ihr vom Vater im Pflegeheim und davon, wie er und was er jetzt war oder nicht mehr war. Johanna hörte ihm zu und nickte verständnisvoll und sagte immer wieder „Mhm". Manchmal beugte sie sich vor, stützte den Ellbogen ihres rechten Spinnenärmchens auf den Oberschenkel und legte das Kinn Anteil nehmend und nachdenklich in ihre Hand. Bis er auf Christian und Julia und das Atelier zu sprechen kam. Da lehnte sie sich nach hinten, ihre Mhms stockten. Und auch ihre Nickbewegungen wurden flacher, als er sagte, dass es vielleicht nicht das Richtige für ihn sei, dass sich in ihm Zweifel regte und so etwas wie Widerstand, noch immer, also seit der letzten Sitzung, gegen Christian, gegen Julia, gegen die Übungen und gegen einen gewissen Druck, der von ihnen ausging, und noch mehr, weil er beim letzten Mal so die Kontrolle verloren und das *Stopp* von Christian irgendwie überhört oder ignoriert hatte, und er sagte zu Johanna, dass es ihm leid tue, sehr, sehr leid, woraufhin sie abwinkte:

„Aber darum geht es doch. Genau darum geht es. Dass man, also dass wir endlich verlernen, uns zu entschuldigen. Keine Reue. Für nichts. Es hat dir doch gutgetan, oder? Du brauchst dich nicht bei mir entschuldigen. Es ist alles wieder verheilt. Die paar blauen Flecken sieht man schon fast gar nicht mehr. Siehst du?" Sie zeigte ihm ihr Gesicht von allen Seiten. Die gelbsüchtigen Stellen flimmerten vor seinen Augen.

„Was sollen wir uns immer für alles schämen und schuldig fühlen. Ich kann dir sagen: Für mich ist das ein für alle Mal vorbei. Die Vergangenheit loslassen. Nur so werden Möglichkeiten geschaffen. Nur so kann eine neue, eine gute Zukunft kommen. Zitat Christian. Und er hat recht. Findest du nicht?"

„Ja", sagte der Sohn und hörte das Surren im Ohr lauter werden, „ja, ich denke schon." Er machte eine kurze Pause.

„Aber trotzdem", fuhr er fort, „wenn ich schon mal dabei bin, also beim Entschuldigen, meine ich, oder besser gesagt beim schlechten Gewissen – eines wollte ich dich noch fragen: Als du gegangen bist aus meiner Wohnung, du erinnerst dich, an dem einen Abend, ja? Also, da hast du, als du gegangen bist, da hast du gelacht, und dann hast du noch etwas zu mir gesagt. Im Treppenhaus. Weißt du, was ich ...?"

Er sah, dass Johanna innehielt, obwohl sie in diesem Augenblick nichts getan hatte, worin sie hätte innehalten können, außer im Atmen vielleicht, und ihm war so, als wären ihr tatsächlich Luftgräten im Hals steckengeblieben. Daher hielt auch er inne. Sie rollte mit den Augen, hustete, dann sah sie ihn an und sagte verwundert: „Was? Ich kann mich nicht erinnern. Was meinst du?"

Das Surren in seinem Ohr wurde lauter.

„Du hast noch etwas zu mir gesagt", sagte der Sohn, „im Treppenhaus. Aber ich habe dich nicht verstanden. Dafür wollte ich mich entschuldigen. Ich hoffe, du nimmst es mir nicht übel. Und ... kannst du mir noch mal sagen, was du da gesagt hast?"

„Um ehrlich zu sein: Ich habe keine Ahnung, was du meinst. Dürfte aber nichts Wichtiges gewesen sein, wenn ich mich nicht daran erinnern kann."

Sie sagte den letzten Satz so beiläufig, dass er ihr fast glauben musste. Er hörte das Surren trotzdem weiter aufbranden. Eine Taube trippelte im Zickzack vor ihrer Bank hin und her.

„Findest du nicht, dass ...", fing er an.

„Ich finde, du solltest endlich mit dem Herumzweifeln aufhören", sagte sie. „Man kann Sachen auch zerdenken. Lass dich mal fallen. Auch im Atelier. Bis jetzt hat es doch gut für dich funktioniert, oder? Hast du doch selbst gesagt. Christian und Julia beleben uns. Sie beleben unsere Körper. Sie befreien unsere Körper. Amor Fati. Darüber waren wir uns doch einig, oder nicht?"

Plötzlich sprach Christian durch Johanna. Sie war sein Sprachrohr, sein Medium, eine Besessene. Sie wies seine Worte nicht mehr als Zitat aus. Er konzentrierte sich, um weiterhin ruhig sitzen bleiben zu können. Die Taube zu ihren Füßen pickte Körner oder Samen oder Brotkrümel vom Boden. Ihre Bewegungen entsprachen den üblichen Bewegungen einer Taube, und trotzdem sahen sie unnatürlich und vereinbart aus. Er spürte, wie sich seine Kiefermuskulatur verhärtete. Er musste an den Vater denken. Und dann sagte er ihr, dass er an den Vater denken musste. Dass er ständig an ihn denken musste. Dass er nicht von ihm lassen konnte, obwohl der Vater eigentlich genau das von ihm verlangt hatte, gleich zu Beginn seines Verfalls. Und in seinem Ohr türmten sich weitere Babelgeräuschwolken.

„Mhm, verstehe", sagte Johanna. Sie schien wieder zu ihren eigenen Sätzen zurückzukehren. „Wirklich. Ich kann dich gut verstehen, sehr gut sogar. Natürlich belastet einen das. Keine Frage. Wie könnten einen solche Umstände nicht belasten. So etwas geht an niemandem spurlos vorbei. Aber eigentlich ... und das muss ich jetzt an dieser Stelle einfach loswerden ... eigentlich sind wir beide noch viel zu jung, als dass wir uns ständig mit dem Tod beschäftigen müssten. Findest du nicht? Und mit dem ganzen Irrsinn, den er immer wie einen Rattenschwanz hinter sich her zieht."

„Glaubst du wirklich, dass man sich das aussuchen kann?", fragte er.

Sie überlegte kurz.

„Ich weiß es nicht", sagte sie dann, „ich denke schon. Bis zu einem gewissen Grad jedenfalls. Schau *mich* an, zum Beispiel. Ich bin ... ich habe immer wieder Probleme mit meinem Magen, du weißt schon. Und Probleme mit den Ärzten sowieso. Aber durch die kontinuierliche Körperarbeit mit Christian ist das Thema für mich nicht mehr so präsent und vor allem nicht mehr so angstbesetzt wie früher. Ich ... Christian hat mich da schon auf einen Weg geführt ... ich habe ihm viel zu verdanken in dieser Hinsicht."

„Ja, ich auch", sagte er, „sehr viel. Das will ich auch gar nicht in Frage stellen. Nur ... um ehrlich zu sein ... ich ... das soll keine Beleidigung sein, aber ... was mir aufgefallen ist bei dir ... wenn ich das so sagen darf ... du hast ein wenig an Gewicht verloren, oder? Seit wir uns das erste Mal im Atelier getroffen haben."

„Mhm, ja", sagte Johanna. Sie wirkte ganz und gar nicht beleidigt und machte eine wegwerfende Kein-Problem-Handbewegung. „Ein wenig, das stimmt. Ich hab ein wenig abgenommen. Aber das hat nichts mit den Übungen zu tun. Rein gar nichts. Das ist kein Effekt des Ateliers oder so. Das hat nichts damit zu tun. Oder mit meinem Essverhalten, wie mir schon mal ein Arzt vorgeworfen hat."

„Okay."

„Das hat ganz andere Gründe, verstehst du? Und daran bin ich nicht irgendwie selbst schuld. Das lasse ich mir auch nicht unterstellen, von niemandem, verstehst du? Dass ich irgendwie ein ungesundes Verhältnis zum Essen hätte oder so und deshalb einen Psychologen brauche, nur, weil ich vorsichtig mit dem umgehe, was ich zu mir nehme, welche Nahrung und wann und wie viel vor allem, das hat doch nichts Perverses oder Verwerfliches, das ist einfach eine stinknormale Vorsichtsmaßnahme. Ich selektiere einfach strenger als andere, weißt du? Ein reflektiertes Umgehen mit dem, was man kaut, was man in den Mund nimmt, was man runterschlucken muss, was man verdauen muss – das ist alles. Dass ich abgenommen habe, das ist dir jetzt aufgefallen, na gut, wie auch immer, aber das hat wie gesagt andere

Gründe, man braucht nicht alles zu psychologisieren, ich bin ja schließlich nicht verrückt oder so. Es sind andere Gründe, und die haben vor allem nichts mit den Übungen zu tun, aber auch rein gar ..."

„Welche Gründe meinst du?"

„Ich ... du weißt schon. Besondere ... physiologische – Umstände."

„Und das heißt?"

Sie atmete ein und kniff die Augen zusammen.

„Ich habe letztens irgendwo gelesen – auf einer Art Wissenschaftsblog ist das gestanden, glaube ich – dass in den Neurowissenschaften gerade wieder intensiv an der Reversibilität neuronaler Netzwerke geforscht wird."

„Okay?", sagte er.

„Dort werden horrende Summen investiert in die verschiedensten Studien. Und das wird sich in naher Zukunft rentieren, sage ich dir."

„Was meinst du jetzt damit?"

„Du kennst meine Einstellung zu Krankenhäusern, Ärzten und Co. Und trotzdem: ich bin mir sicher – bald wird es ein Medikament geben, das zerstörte Nerven- und Gehirnzellenareale wieder aufbaut. Vollständige Synapsenregeneration im Hippocampus, 1:1. Dann werden so Fälle wie dein Vater auch der Vergangenheit angehören. Ich habe irgendwo gelesen, dass es eine Forschergruppe gibt – ich glaube in Peking –, die versucht, ein Mittel herzustellen, also eine Art Shampoo, das man auf die Kopfhaut aufträgt, ein paar Minuten einziehen lässt, und der Wirkstoff dringt dann bis tief in die Hirnrinde vor, wo er die zerstörten Zellen reanimiert, revitalisiert und nach ihrem alten Muster restrukturiert. Das muss einen doch optimistisch stimmen, oder? Bei aller Skepsis natürlich. In Hinblick auf positive, zukünftige Entwicklungen, meine ich. So werden Möglichkeiten geschaffen, das ist Fortschritt, oder? So soll – nein – so *muss* Fortschritt sein. Auch in der Medizin."

Johanna zeigte ihm die Frontalperspektive ihrer Stupsnase. Wind frischte auf, er ließ die Blätter über ihnen rauschen und schichtete die Gerüche um. Der Geruch nach grünem Tee verschwand zugunsten eines kaum wahrnehmbaren Holzkohlerauchs. Der Sohn dachte daran, wie langwierig die Zulassungsverfahren von neuen Medikamenten für den freien Markt waren und wie streng die Kriterienkataloge der Prüfungskommissionen. Und er dachte, dass er nicht mehr darüber nachdenken wollte.

„Um noch einmal darauf zurückzukommen", sagte er daher, „auf das andere Thema ..."

„Was meinst du?"

„Du hast erst von *besonderen physiologischen Umständen* gesprochen, in Bezug auf ..."

„Ach so. Ja."

„Und dann hast du abgebrochen."

Ihre blauen Augen prüften ihn vorsichtig. Und als sie merkte, dass von seiner Seite mit keinem weiteren Wort mehr zu rechnen war, begann sie zögernd zu erzählen. Und sie erzählte ihm, dass ihr Stoffwechsel seit jeher gut funktioniere, dass sie auch schon als Kind und dann als junges Mädchen sehr dünn gewesen sei, „gertenschlank", dass sie, selbst wenn sie zwischendurch mal etwas mehr und unregelmäßiger und auch unkontrollierter gegessen habe, bisher problemlos und ohne viel Sport unter der 45-kg-Marke geblieben sei. Bis vor kurzem habe sie noch an diesen ihren gut geölten und wie geschmiert arbeitenden Stoffwechsel als alleinigen Grund für ihre schlanke Silhouette geglaubt, in letzter Zeit aber, im Zuge einer intensivierten, weil positiv sensibilisierenden Beschäftigung mit ihrem Körper und ihrem genaueren Hineinhören in eben diesen, was sie auch oder vor allem Christian zu verdanken habe, sei sie zu dem Schluss gekommen, dass diese ihre gute, schlanke Silhouette nicht allein der Verdienst ihrer guten Gene sein könne, sondern dass da etwas anderes an ihrem Nahrungsverwertungsprozess teilhaben müsse, etwas Wurmförmiges, etwas Eierlegendes, etwas Parasitäres, das eine Gewichtszunahme nicht zuließe, das diese verhinderte, das diese sabotierte. Ihre intensiven Recherchen in diversen Internetforen hätten diesen Verdacht des parasitären Befalls inzwischen bestätigt, sagte sie. Die dort geschilderte Symptomatik treffe genau auf sie zu.

Er nickte. Eine zweite Taube landete neben der Bank, vertrieb die erste mit vier, fünf Flügelschlägen und begann den eroberten Boden nach Futter abzusuchen. Währenddessen überflutete ein hochfrequenter, kalter, interstellarer Geräuschesturm sein linkes Ohr.

der zement hat nichts am körper erneuert, er hat nichts nachgebildet oder nach- oder aufgerüstet, er hat keine biologische mimesis betrieben, er hat nichts nachreifen lassen, und er hat dem körper zu keiner neuen vollständigkeit verholfen, er hat nichts restauriert, hat nicht die fehlenden finger der linken hand ersetzt oder die kinnlade oder den kaputten rechten knöchel oder das gemächt oder die zerstörten organe im inneren des leibes. eine inventur wäre aufschlussreich, aber bestimmt enttäuschend. der körper steht vor dem konkurs. ● hat sich den zement einverleibt, und der zement hat sich ● als belag aufgetragen, grau auf grau, hautgrau auf betongrau. aber ● ist trotzdem nicht abgehärtet, nicht härter geworden, nicht robuster oder geschützter oder männlicher oder beständiger, denn gleichzeitig sind auch körperrückstände in der wanne zurückgeblieben, wie resthautpartikel, muskelfasern, haarbüschel, nägelsplitter, knochensplitter und sonstiges gewebe. sie kleben unten im oben offenen zementwannenbunker. der beschmutzte körper steht nun dort, aufrecht, in seinem gestank, er ist karg, fahl und schwankt erschöpft, der körper hat sich verausgabt. das gesicht unkenntlich mit tiefen augenhöhlen in einem skalpierten schädel, der schädelknochen liegt frei. den rücken überzieht die zementfirnis bröckelig und mit rissen, dort, wo früher haut gewesen ist, die alte einschusswunde am verwesten herzen hat der beton abgedichtet, so auch das krähenloch in der bauchdecke und selbst das kreisrunde loch hinter dem hosenschlitz der jeans, an dessen statt sich früher der schwellkörper komisch steif und lachhaft plump ausgedehnt hat, manchmal. auch dorthin ist der beton gedrungen, auch dort dichtet der beton das loch ab. der körper wurde dichtgemacht. aber seine dichtung und verdichtung hat jede aufgabe aufgegeben: sie fungiert nicht als barriere, sie reguliert kein ein- oder austreten mehr, keine flüssigkeiten, kein gefühlswechselbad oder ähnliches, keinen austausch von säften. sie existiert ohne ziel und ohne vernunft. die lungenflügel sind längst in sich zusammengesunken und nach süden oder sonst wohin geflogen, zwischen und hinter den rippen, von denen sich ein paar weiß und gut sichtbar hervortun, lagert nun die graue betonung, schwer und grob füllt sie den torso aus. die leuchtstoffröhren in der lagerhalle erhellen den körper so, als ob sie niemals damit aufhören würden, als ob sie den körper von ● ausleuchten würden, ihn hart bescheinen von allen seiten, von oben bis unten, und ihn als gusseisern schattierte schattenlosigkeit erscheinen lassen würden bis in alle ewigkeit, amen.

Kapitel 10

Die scharlachrote Digitalanzeige des Weckers zeigte 03:24, als das Smartphone aufschwirrte. Der Sohn drehte sich zur Seite und tastete blind über das Nachtkästchen, hatte es gleich bei der Hand, hob ab und hörte Christian scherzen, ob er denn etwa schon geschlafen habe um diese Uhrzeit. Er bejahte und sagte, dass es nichts machen würde, Christian sagte: gut, denn man müsse ohnehin immer bereit sein, und das verlange er auch, das sei Einsatz, und dieser sei für eine gute und erfolgreiche Zusammenarbeit mit ihm unumgänglich. Nach einem weiteren Scherz über gewöhnliche und außergewöhnliche Schlafenszeiten meinte Christian:

„Wir treffen uns ja übermorgen wie besprochen, und dann werden wir die nächste, die letzte Übung angehen. Alles klar? Jeder von euch muss sich dafür etwas wirklich Kreatives und Originelles einfallen lassen, und zwar in Richtung einer performativen Intervention, also eine Präsentation, bei der die eigene Körperlichkeit im Fokus steht. Aber bitte, und das ist ganz wichtig, bitte alles ohne Textgrundlage. Das ist meine einzige inhaltliche Vorgabe: kein Ablesen, keine schriftliche Vorbereitung. Schreib also nichts auf. Mach dir keine Notizen. Das würde nur hemmen und ablenken. Mach dir stattdessen Gedanken darüber, wie du etwas Ereignishaftes geschehen lassen kannst. Du weißt schon, *Ereignis* im Sinne Heideggers. Überleg dir was, und dann sei bei deinem Auftritt übermorgen spontan."

Ein Funkloch harkte die Vokale aus den folgenden Worten und verschluckte sie, sodass Christian ihm eine „Gt Ncht" wünschte. Der Sohn wollte zurückwünschen, aber die

Verbindung war bereits unterbrochen. Sein Kopf sackte müde nach hinten und schlug sich wie eine demolierte Abrissbirne in das Kissen.

● löst sich aus der stehpause, indem er seine sohlen vom wannenboden löst, und steigt über den rand. der körper ist kein körper mehr, sondern eine ansammlung von restposten, die über das skelett miteinander verbunden sind. ein körperrelikt, das zum exit hinkt. die sensoren der glasschiebetüren erkennen brav die bewegung und reagieren dementsprechend. nachtluft weht, und in ihr blinken viele sterne kühl und sanft und gelangweilt. den saum der jeans schleift das giacomettirelikt ein. es ist auch selbst nicht mehr gesäumt, das relikt, der schaum und die sedimente der jahre sind abgetragen. die jeans hat keinen gürtel und rutscht über den beckenknochen, an dem sie sich verhakt hatte, nach unten auf die straße. totkörperkorrosion hat freilich auswirkungen auf die figur, wobei sich ~~lebendig/tot~~ nun wieder die waage halten, denn jetzt wird weitergemacht wie zuvor. die krise des stillstands ist vorbei, und es wird weitergemacht, es geht weiter, nur mit noch viel weniger materieller integrität.

Im Badezimmer übergab er sich ins Waschbecken. Es war aber nicht viel, was die hypertrophe Eierschalenhälfte schlucken musste, denn er hatte den ganzen Tag noch nichts gegessen. Daran erinnerte ihn auch der bittere Gallengeschmack. Bei dem Gedanken an einen verspäteten Mittagssnack übergab er sich ein zweites Mal. Er wischte sich die Lippen am Handtuch ab, spülte den Mund gründlich mit warmem Wasser aus und ging zurück ins Wohnzimmer, wo er die Nummer von Johanna wählte.

Mailbox.

Er versuchte es noch zweimal, mit dem gleichen Ergebnis. *Sie wird sich vorbereiten, und sie will in Ruhe gelassen werden. Verstehe ich. Sie hat bestimmt schon eine Idee und ist sicher fleißig am Werk, vielleicht sogar schon am Proben. Und ich ... ich hab nicht die geringste Ahnung, ich werde morgen hinfahren und ...* Er stellte sich vor, wie er auf einer hohen Bühne aus schwarz lackierten Holzbrettern stand. Und er stellte sich vor, wie ihm dort im heißen Scheinwerferlicht applaudiert wurde und wie er sich bescheiden und ein wenig demütig verbeugte vor hunderten gesichtslosen, sitzenden Gestalten und wie er sich umdrehte und abging. Er ging ab. Er ging nach hinten ab, ohne zu wissen, wovon er abging, was davor geschehen war, was er davor getan hatte, das diesen Applaus und die Bravo-Rufe rechtfertigte, er ging ab, über die Balken, die knarrten und sich bogen unter seinen Schritten, und im Rücken spürte er den roten Samtvorhang fallen. *Ich werde morgen hinfahren, und irgendetwas wird schon passieren. Es wird bestimmt irgendetwas passieren. Das Atelier wird mich dazu bringen. Die Situation dort, die Stimmung, Christian und Julia. All das wird mir helfen. Dass ich aus mir herausgehe. Dass ich noch mehr aus mir heraustrete. Man ist sowieso permanent außer sich und ständig irgendwo anders. Niemals ist man nur bei sich. Aber ich muss ganz aus mir heraus morgen. Vollständig und exzessiv muss ich aus mir heraus, hat Christian gesagt. Ereignishaft, hat er gesagt. Ich muss schöpferisch aus mir heraus. Irgendetwas muss sich ereignen. Ich muss nur ... Dir wird schon was einfallen. Bestimmt. Irgendwas wird dir dort einfallen. Irgendwas wird dir dort gelingen. Es wird bestimmt etwas gelingen. Auch wenn ... auch wenn es keinen Plan geben darf. Keine Vorbereitung. Es wird dir dort spontan etwas gelingen. Du kannst ... alles. Es kann, es darf alles sein.*

Am nächsten Tag war der Sohn pünktlich beim Haus, mit aufgebissenen Nagelfalzen an zwei Fingern der linken Hand. Sein Mund war trocken. Und ihm war klar, dass in den Räumen dort oben ANGST lauerte. Vielleicht zusammengefaltet unter den blauen Matten oder dornenähnlich eingebettet im Schaumstoff des braunen Ledersofas der Begegnungszone oder gepresst wie Engelstrompeten zwischen den Buchdeckeln hinten in der Bibliothek.

Er brauchte nicht beim Unzeitig-Schild zu klingeln. Ein Junge öffnete, zu dessen Füßen ein überzüchteter, mit dem kleinen Schädel in einem Nürnberger Trichter steckender Mops vorbei und ins Freie hechelte, er lachte das Hosenbein des Sohnes wie einen Baum an und beschnupperte es. Er hätte dem Tier beinahe einen Tritt verpasst, der blieb ihm aber erspart, denn es wurde von seinem Herrchen, das dem Sohn die Tür aufhielt, noch rechtzeitig mit der Leine fortstranguliert. Im Haus hingen die Gerüche von Speiseöl und Tintenfischringen wie frittierte Girlanden herum und trieften und trieften. Auf der gemähten und entlaubten Innenhofwiese schaukelte das seekranke Nussbaumgerippe. Es befand sich in einer ähnlichen Baisse wie sein Magen.

Oben war die Tür zum Atelier angelehnt. Ich trat ein. Ich fühlte mich entartet und fürchtete, dass mir das auch anzusehen war. Julia kam mir entgegen. Anscheinend war sie gerade in der Bibliothek gewesen und hatte meine Schritte im Flur gehört. Sie empfing mich reserviert, war sehr kurz angebunden und verschwand gleich nach hinten im Übungszimmer. Meine Zehen waren kalt, polarkalt. Ich folgte ihr.

Im Übungszimmer saß Johanna. Sie machte gerade eine Nackendehnübung, in die sie yogisch versunken war. Sie trug ein weißes, viel zu weites Männerhemd; die oberen drei

Knöpfe hatten einen offenherzigen Abstand zu ihren Knopf-
löchern eingenommen. Johanna ließ sich nicht ablenken,
von nichts und besonders von niemandem. Christian beobachtete sie. Er saß aufrecht und mit übergeschlagenen
Beinen in einem Ohrensessel, den ich hier vorher noch nie
gesehen hatte. Auf der linken Lehne saß Julia. Der Ohrensessel war vom selben Blau wie die Matten. Christians Hände ruhten auf seinen Knien. Auf dem Kopf trug er dieses
Mal eine Burger-King-Krone aus Pappe. Anscheinend sollte sie die angespannte Atmosphäre etwas auflockern und
entschärfen. Es gelang ihr nicht, überhaupt nicht. Johanna
ließ sich von Christian bereitwillig und geduldig wie ein
Gemälde beobachten. Als Begrüßung nickte er mir kurz zu,
dann fuhr er mit seinen Beobachtungen fort.

    M und Clemens kamen herein. Sie sahen übermüdet aus,
und sie unterhielten sich mit gedämpften Stimmen. Sie setzten sich zu mir auf den Boden und flüsterten weiterhin miteinander, ich verstand nichts, ihre glasigen Blicke blieben
gesenkt, und sie flüsterten so lange, bis Christian den linken Zeigefinger auf seine Lippen legte.

    „Danke für die Aufmerksamkeit", sagte er laut und lehnte
sich in seinem Ohrensessel etwas zur Seite. „Wie ich euch
allen bereits am Telefon mitgeteilt habe, startet heute die
dritte und letzte Übung. Die letzte – und damit auch die
wichtigste. Das bedeutet aber nicht, dass wir heute zu einem Abschluss kommen werden. Oooh nein. Wir werden
diese Übung in den folgenden Wochen wiederholen und in-
tensivieren. Damit sie irgendwann richtig sitzt. Damit ihr
so richtig darin aufgehen könnt ..."

    „... und damit euch das hier Gelernte auch wirklich in
Fleisch und Blut übergeht", ergänzte Julia, während sie sich
von der Lehne erhob und ihren Rock glattstrich.

„So ist es", sagte Christian. „Also: Seid kreativ, seid originell, seid eigenständig, seid maßlos. Werdet wieder Kind."

Christian räusperte sich, richtete seinen Rücken gerade und tastete oben an einen Kronenzacken, um zu sehen, ob alles noch richtig saß.

„Das klingt einfältig und leicht und sagt sich so schnell: wieder Kind werden ... was soll daran schwierig sein? Ich sage nur eins: Die letzte Übung heißt *Neubeginnen*. Wir werden sehen, ob es wirklich so leicht ist, das Neubeginnnen, das Loslassen. Das Loslassen und das absolute Vergessen der Vergangenheit und das Umarmen der Zukunft. Also: Ihr habt euch alle Gedanken gemacht zum heutigen Treffen, habt euch darauf vorbereitet, jeder für sich. Die performative Entfaltung. Kommen wir deshalb jetzt ohne weitere Umschweife zur Sache. Clemens, du fängst an."

Clemens erhob sich und ging zur Mitte des Raums. Dort stellte er sich fast militärisch stramm hin. Er hatte uns im Rücken und Christian im Zentrum seines Blickfeldes. Christian betrachtete ihn aufmerksam. Julia flankierte weiterhin die linke Seite des Ohrensessels.

„Bitte", sagte Christian mit einer leichten Handbewegung. Ich sah, wie Clemens sich bereit machte – sein Brustkorb wölbte sich, und dann stieß er Töne aus, eine Art Kehlkopfgesang, der in der Luft vibrierte, Vibrationen, die sich hoben und senkten und sich vielstimmig ausbreiteten und die nicht menschlich klangen und auch nicht nach einem Tier. Die Töne vermischten sich zu einem fliegenden Klangfleckenteppich, der sich unter unsere Glieder schob und dort seine Fäden und Fransen tanzen ließ. Clemens setzte in den knappen zwei Minuten nur dreimal kurz ab, um einzuatmen. Seine Lippen bebten, die Wangen waren gänsehautweiß, und seine Augen erinnerten an zwei kranke Langusten.

Seine Hingabe wirkte überaus echt. Nach den zwei Minuten verstummte er. Wir applaudierten. Er verbeugte sich zweimal ganz tief.

Christian und Julia sahen zufrieden aus. Julia fragte Clemens, ob er noch ein paar Worte zu seiner Darbietung sagen möchte. Clemens wirkte erleichtert, und dankbar erklärte er das Prinzip des Obertongesangs, die damit verbundene Technik des Zusammenspiels von Zunge, Rachenraum und den Vokalen und den Trick mit der Doppelresonanz. Dabei bemerkte ich eine sich steigernde Verbissenheit an ihm, die mir bekannt vorkam. Ich kannte diese Art Verbissenheit. Sie war mir vertraut. Clemens fuhr fort mit seinen Erklärungen, da er von niemandem unterbrochen wurde. Er zählte mehrere Namen auf, Namen sowohl von Obertonsängern als auch von Komponisten, für die er nichts anderes als Bewunderung übrig hatte, wie er sagte. Je mehr Namen er jedoch nannte, desto größer und uferloser wurde das Netzwerk aus Vergleichen, Anspielungen und Referenzen, in das er sich verstrickte. Irgendwann redete Clemens von seinen Träumen, in denen ihm durch „das schlafmunkelnde Näheverhältnis zu meinem Unbewussten", wie er es nannte, praktisch andauernd originelle Einfälle kämen, Einfälle wie z. B. sämtliche jemals ausgesprochenen Lügen der Welt nach ihrer Beharrlichkeit zu untersuchen, was ihn dann auf die Bildkomposition der guten frühen und der schlechten späten dänischen Dogma-Filme brachte, um (von den guten frühen) schließlich Parallelen zum brandneuen Online-Ego-Shooter namens A. V. E., zu nacherzählten Geschichten verschiedener und auf verschiedene und skurrile Weise versehrter, neurotischer Kinder und zum Opus Magnum eines hochbegabten nordamerikanischen Schriftstellers zu ziehen, der sich vor ein paar Jahren erhängt hatte. Und als hätte ihn das auf den Geschmack gebracht, zitierte er danach eine ganze Schriftstellerriege, die er als „nachahmenswerte, gottähnliche Genies" bezeichnete, obwohl er „das naive, unterwürfige Genie-Prinzip" eigentlich ablehne, und er ließ in diesem Zusammenhang die Worte „rätselhaft", „merkwürdig", „abgründig" und „kurios" fallen, und zwar so oft und so betont, dass diese Worte bald wie ausgeleierte Bungeeseile brüchig von seinen schmalen Lippen hingen. Ich hatte den Eindruck, als wollte er gar nicht mehr mit dem Zitieren aufhören (seinen IQ bezifferte er zwischendurch nonchalant und beiläufig auf exakt 164, wobei seine schmale Brust unwillkürlich doch ein klein wenig anschwoll); er hätte wunderbar als altkluger, sonderlinghaft wirkender Junglehrer, später dann als größenwahnsinniger Professor und herablassender Lehrmeister vor einer ihn bewundernden, ihn fürchtenden und ihn für seine permanenten exzentrischen Selbststilisierungen verachtenden Zuhörerschaft herrlich funktioniert. Seine fünf größten liebsten Feinde: Gewöhnlichkeit – Austauschbarkeit – Verkennbarkeit – Epigonalität – Desinteresse der anderen.

Zum Schluss seiner Rede, die meines Erachtens wohl ein kalkulierter, integraler Bestandteil seiner Inszenierung war, und als er dann wieder auf den Obertongesang zurückkam, sagte Clemens, dass er diese Form des Ausdrucks gewählt habe, um der Polyphonie künstlerisch gerecht zu werden, nämlich der Polyphonie, die er hier kennenlernen durfte, an diesem besonderen Ort, in diesem Atelier, das, so Clemens, „etwas mit ihm mache", dank der Gastfreundschaft von Christian und Julia.

Der Gastgeber zog seine Königin zu sich auf den Schoß und sagte: „Ein schöner Start. Besten Dank. Johanna, du bist die nächste."

Johanna löste Clemens in der Zimmermitte ab, ein fließender Übergang oder eine Übergabe der Aufmerksamkeiten wie bei einem gelungenen Staffellauf. Mir schien, dass Julias Blick nun prüfender wurde als bei Clemens. Christian dagegen zwinkerte Johanna aufmunternd zu.

Johanna sagte: „Diese Performance trägt den Titel: ‚Golden Straw or The Circle of Life after Disney‘.“

Sofort danach ließ sich Johanna zu Boden fallen. Sie begann epileptisch zu zucken, mit weißen Augäpfeln und flackernden Lidern, die Hände krampften und krallten sich so fest in ihr weites weißes Hemd, dass die paar wenigen geschlossenen Knöpfe aufgescheucht davonsprangen und über die Matten kullerten. Sie riss sich das Hemd auf und schrie Unverständliches, sie riss es sich ganz vom Leib, dann öffnete sie unter Schreien ihre Hose und rollte sich herum und aus der restlichen Kleidung heraus in eine ungebändigte Nacktheit. Sie erhob sich und wütete weiter, wütete sich aus ihrem Körper, stampfte mit den Füßen auf, ein 60-Meter-Sprint im Stand, das schwarze Haar vor und zurück werfend, über ihr Gesicht und aus ihrem Gesicht, die Arme ausgestreckt, die Hände blockten unsichtbare Zudringlichkeiten ab, pantomimisches Abwehren von Phantomen, bis sie außer Atem war und in ein Schleudern geriet. Dann wurden ihre Bewegungen langsamer, und das Stampfen und Trampeln wurde schwächer, es klang ab, und Johanna hielt inne und stand ruhig und breitbeinig im Raum, Christian und Julia zugewandt, die sich mittlerweile gegenseitig ihre Oberschenkel streichelten, Johanna ließ den Kopf hängen, und ich sah, wie sich ein Rinnsal an der Innenseite ihres linken Oberschenkels seinen Weg nach unten bahnte und dort eine Lache bildete, die ihre nackten Füße umspielte. Die Matten waren imprägniert, ein paar Tropfen rollten weit

nach links wie die verlorenen gelben Glasaugen eines Vo-
gelschwarms. Johanna hatte sich ausgewrungen. Sie schrie
noch einmal laut auf. Dann ging sie in die Knie, und mit
zwei Fingern zog sie einen 100-€-Schein von hinten aus ihrem After. Sie drehte den Geldschein geschickt und schnell
wie eine Zigarette zu einem Strohhalm, und durch den
Strohhalm sogen ihre Lippen dann ein paar große Schlucke
Pisse vom Boden auf.

Niemand applaudierte, und es folgte auch keine Verbeu-
gung. Wir wussten nicht, ob die Vorstellung zu Ende war
oder ob sie noch weitergehen würde. Nach vielen Sekunden,
in denen Johanna nur so da saß, stand sie auf, verdeckte mit
einem Arm ihre Brüste, bückte sich, hob ein Kleidungs-
stück nach dem anderen auf und zog sich wieder an. Auf
die Nässe zwischen ihren Beinen und an ihnen entlang achtete sie nicht. Das fast knopflose Hemd schlang sie mehr
um sich herum, als dass sie wirklich wieder in es hinein-
schlüpfte. Ich sah, dass Julia befriedigt lächelte und dass
Christian nickte.

„So habe ich mirr das vorrgestellt“, sagte er, „genau so.“

am strand der kreisverkehrinsel liegt ein verletzter, man hat
ihn vergessen oder ihn absichtlich zurückgelassen. er blutet aus der nase und aus der hüfte, und er wimmert vor sich
hin, dass er keine last sein will, und auch etwas von „verre-
cken“. neben ihm liegt ein handy und ein handbeschriebenes
blatt papier. da sieht er jemanden durch die dämmerung
kommen. es ist ● und das schlurfende, vom rohen fleisch
gefallene körperrelikt, und ● sieht den liegenden bluten und
stürzt hin, so schnell es noch geht. der verletzte brüllt, als
er ● sieht, er brüllt, dass er doch nur die härte der realität
hätte zeigen wollen, so wie sie ist, und er brüllt noch lauter,

als ● mit den fingerresten in seiner hüftwunde wühlt. aber ohne unterkiefer beißt und kaut es sich schlecht. ● kann nichts mehr in sich hineinfressen. und außerdem ist die speiseröhre von ● besetzt und beseelt von zementausbuchtungen, von vorsprüngen und blockaden, die ein schlucken erschweren. und so nimmt das körperrelikt den verletzten mit den bloßen händen aus und kramt und kratzt und scharrt und schabt und gräbt, und es zieht dessen eingeweide strängeweise aus seiner mitte und führt sie mit den klauen dorthin, wo vormals die mundöffnung gewesen ist. gewölle quillt aus dem hals von ● retour. der verletzte verliert den glanz in den augen, sie stehen offen, die augen, und sie glauben nun auch an den tod, weil sie letzten endes selbst daran glauben müssen, denn sie werden von ● aus ihren fassungen heraus- und in den schlund hinabgedrückt. ● behält die murmeln bei sich, das zusätzliche augenpaar brütet in seinem inneren, es brütet vor sich hin und es brütet etwas aus.

Ich sah, dass sich der Blick von Johanna davongestohlen hatte; er hatte das Zimmer verlassen, war durch die Atelierwände gegangen wie ein Simulacrum und nicht zurückgekehrt. Nun wurde M von Christian nach vorne zitiert. Er nannte nicht ihren vollen Namen, sagte auch nicht „M", sondern zeigte nur auf sie. Vielleicht hatte er sich ihren Namen auch nicht gemerkt.

Es war mir zuwider, der Letzte zu sein. So zuwider, unendlich zuwider. Ich wollte es hinter mir haben. Aber ich sagte nichts. M positionierte sich in der Mitte, neben der Urinlache. Nach einer kurzen Stille startete sie einen Ausdruckstanz, jedenfalls sollte es anscheinend so etwas Ähnliches sein. Sie hopste von einem Bein auf das andere, blieb abrupt stehen und demonstrierte eine Gewichtsverlagerung vom linken Bein auf das rechte mit dazu abgestimmten, wiegenden Armbewegungen in Slow Motion und im Stil einer äußerst unbeholfenen Amateur-Kabukitänzerin. Dann tapste sie wieder los, auf einem ∞-förmigen Parcours tapste sie mehrmals an uns und zwischen uns vorbei, bis sie dann auf einmal von der Strecke abwich und aus dem Raum rannte. Wenige Augenblicke später kam sie zurück. Sie hatte nun eine Taucherbrille vor den Augen und das Mundstück eines Schnorchels zwischen den Lippen. Ihre Arme kraulten durch das Zimmer, und aus ihrer verlängerten Kehle drangen Geräusche, die an ein gebärendes Rind erinnerten. Schließlich hüpfte sie wie beim Himmel-und-Hölle-Spiel in einem mit unsichtbarer Kreide aufgemalten Raster über die Matten und in Johannas Urinlache, die bis auf meine Socken spritzte. – Das Urteil der Jury fiel am Ende durchwachsen aus:

„Danke, ja, gut", sagte Christian, „du hast dich sehr bemüht, das hat man gesehen. Beim nächsten Mal vielleicht mehr ... na, ich würde mal sagen: mehr *Esprit*. Und mehr Mut ... zur Originalität."

Ich sah, dass M mit den Tränen kämpfen musste, ihr Kinn kräuselte sich und zitterte. Sie gewann erst wieder Gewalt über sich, nachdem sie sich auf den Boden gesetzt hatte. Ich spürte kein Mitleid. Ich musste mich konzentrieren, um nicht in Schweiß auszubrechen.

„So, einer noch. Der Letzte für heute. Bitte." Christian machte eine Kopfbewegung in meine Richtung. Er sah ernst aus. Seine Pappkrone funkelte mich feindselig an. Julia unterdrückte ein Gähnen hinter vorgehaltener Hand.

Ich stand auf und trat vor. Mein Herz klopfte hart und schnell. Ich sagte mir, dass ich nun auf eine Bühne steigen würde und es genießen müsse. Ich sagte mir, ich müsse es genießen, angeblickt zu werden. Das Beäugtwerden genießen. Das Begutachtetwerden. Das Getestetwerden. Mein Herz pumpte noch schneller. Die Temperatur im Raum fühlte sich plötzlich an, als ob sie falsch von Celsius auf Fahrenheit umgerechnet worden wäre, als ob jemand die Raumtemperatur plötzlich umgerechnet und das Ergebnis der Umrechnung fälschlicherweise nicht als Fahrenheit-, sondern erneut als Celsius-Wert deklariert und den neuen Wert in der Luft installiert hätte, wo er sich nun gleichmäßig wie heißer Raumspray verteilte. Ich spürte, dass mein T-Shirt am Rücken festklebte. Vor mir Christian und Julia. Ich sagte mir, dass ich alles tun könnte, und dass es gut sein würde. Weil nichts von Bedeutung war. Ich sagte mir, dass nichts jemals von Bedeutung gewesen war. Nichts, was sich jemals auf dieser Erde zugetragen hatte, war von Bedeutung gewesen, und alles war jetzt, in diesem Augenblick, noch weniger von Bedeutung. Und dann sagte ich nichts mehr zu mir, sondern hörte zu, denn ich hörte den Vater, unverkennbar, ich hörte ihn, seine tiefe Stimme, „durch den Türspalt", und etwas schrumpfte in mir auf Daumennagelgröße, und dieses Etwas wetzte die Messer und stach und stocherte und schlug sich einen Pfad frei bis zu meinem Mund. Und den Spuren dieses Etwas, dieser unförmigen, fingernagelgroßen Masse, folgten diese drei Wörter bis zu meinem Mund, und aus meinem Mund kamen diese drei Wörter, *seine* Wörter, „durch den Türspalt", nur diese drei Wörter, und diese drei Wörter steinigten sich gegenseitig beim Aussprechen, es war nicht sacht oder sanft oder flüssig, das Aussprechen, sondern ein Hervor- und Herausquälen, und trotzdem musste ich sie sagen, noch einmal: „durch den Türspalt", die Wörter forderten es von mir zwischen ihren Steinwürfen, sie forderten das Gesagtwerden ein, um im Gedächtnis zu bleiben, um *ihn* wieder ins Gedächtnis zu bringen und dort zu halten, „durch den Türspalt", er rief sich in Erinnerung, und der Drache trat an den Strand des Meeres. Ich sagte die Wörter noch einmal, denn wer zur Gefangenschaft bestimmt ist, geht in die Gefangenschaft. Und ich sah die Mutter, wie sie mit mir in der Badewanne saß – oder? es war doch sie damals? – ich sah die Mutter und mich, ja, und sie streichelte meinen nackten Rücken im warmen Wasser – oder nicht? – und die Schaumlandschaft vor mir machte zarte Platzgeräusche, und durch mein Ohr flirrten wieder Geräusche in Hochfrequenz, und ich spürte die Mutter, ihren Atem, ich zwischen ihren Beinen, und wie sie ihre Hand nach vorne gleiten ließ und mir nicht mehr über den Rücken streichelte, sondern meinen jungen Schwanz, der sich aufrichtete – oder nicht? Ist es nicht so gewesen? „Durch den Türspalt", sagte ich erneut und spürte den Blick von Christian, nein, ein anderes Augenpaar, auch ein männliches aber, ja, es war dort draußen im Dunkel des Vorzimmers, es fiel mir jetzt ein – oder nicht? es war doch so? es kann nicht anders gewesen sein –, die Augen des Vaters, die uns beobachteten, die Mutter und mich, dort im hellen Badezimmer des Hauses, *durch den Türspalt*. Ich ließ das Berühren geschehen – oder etwa nicht? –, und mir war wohlig und warm, und sie flüsterte mir etwas ins Ohr, die Mutter, etwas, das ich nicht verstand, etwas, das nach einer Notwendigkeit klang oder eben eine solche ankündigte, eine Notwendigkeit, die sich nicht aufschieben ließ, und die mütterlichen Finger hatten sich zu einem soliden Ring geformt – oder? oder nicht? oder unterstelle ich es bloß? nein, ich unterstelle nichts, oder? das nicht – einen Fingerring, der meine Vorhaut vor und zurück zog – oder etwa nicht? doch, ja, es gibt nichts, was dagegen sprechen könnte, wir beide waren wirklich dort, gemeinsam, ja –, und alle Schaumarchipele wurden durch die schneller werdende Bewegung ihrer Hand niedergetrampelt und verschwanden im Wasser, und es gab keine Berge mehr, und das Meer gab die Toten heraus, die in ihm waren ...

Christians Miene hatte sich verdunkelt. Die Tatsache dieser Verdunkelung drang langsam zu mir durch. Julia gähnte wieder, aber ohne vorgehaltene Hand. Jemand kicherte leise hinter mir, Clemens oder M. Oder sogar Johanna. Und ich hörte mich trotzdem noch einmal „Durch den Türspalt" sagen, und dann hörte ich mich denken, dass es so gewesen sein muss, *und du, Mutter, du musst gewusst haben, dass er dort steht und uns zusieht. Du hast es gewusst, und du hast es ihm damals gezeigt, oder, du hast es ihm damals so richtig zeigen wollen.* „Durch den Türspalt", sagte ich und achtete nicht auf Reaktionen. *Das wird der Grund sein, warum du nicht zu ihm gehst, warum du ihn nicht besuchst. Ist es das, hat er uns den Besuch deshalb verboten, ist das die finale Erklärung? Er hat uns damals gesehen, und deshalb sollen wir ihn jetzt nicht mehr sehen. Und du hältst dich daran, auch, weil dir das Verbot eigentlich gefällt. Weil du dir darin gefällst.* „Durch den Türspalt", sagte ich. *Das waren deine Worte. Ich sage deine Worte. Mehr hast du mir nicht zu sagen gewusst, alter Mann. Aber ich verstehe. Es macht Sinn. Alles ergibt jetzt Sinn. Deine Erinnerung ist jetzt meine Erinnerung. Nur ... die ursächliche Ursache ... die ist noch ... die liegt noch im Nebel ... – Was hat dir der Vater vorher bloß getan? Wo hat es begonnen? Wofür hast du damals mit mir Rache an ihm genommen? Warum hast du damals ...?*

Vor mir und hinter mir herrschte Ruhe. Dann hörte ich, dass sich Christian räusperte. Ich stand immer noch in der Mitte und bewegte mich nicht. Ich blickte über die Köpfe

der beiden Gastgeber hinweg auf den weiß lackierten Quer-
balken des Türrahmens. Christian fragte mich, ob das nun
mein Ernst gewesen sei oder ob ich ihn auf den Arm nehmen
wolle. Ich spürte meine Wangen rot werden und eine zu-
nehmende Schweißtropfenbildung auf der Stirn. Ich senkte den Kopf und antwortete, dass es eigentlich ernst, sehr
ernst gemeint gewesen war, dass ich mein Bestes hatte geben wollen, dass ich seinem Rat gefolgt war, nämlich den,
der das Sich-Ereignen-Lassen betraf.

„Nun ja", sagte Christian und rückte sich seine Krone zu-
recht, die ihm ein wenig in die Stirn gerutscht war, „dieser,
tja – Versuch ... nennen wir es mal so, denn als etwas anderes lässt sich dieses ... diese Darbietung nicht bezeichnen ...
also dieser Versuch ist, ähm, *radikal* nach hinten losgegangen.
Das muss man so direkt an- und aussprechen dürfen, denke
ich. Klingt wahrscheinlich hart momentan für dich, hart und
wahrscheinlich in gewisser Weise gnadenlos, aber die Wahrheit lässt sich nun mal nicht in Watte packen. Nur die unge-
schminkte Wahrheit, die bringt einen weiter. Also, um es ab-
zukürzen: Ich denke, du bist mit dieser Aufgabe schlicht
und einfach überfordert gewesen und daran gescheitert. Ich
muss daher leider meine Einschätzung revidieren: Da liegt
noch ein weiter Weg vor dir."

Ich schluckte. Der Kloß im Hals verschwand aber nicht.
Christian wandte sich den anderen zu, die ich in meinem
Rücken spürte.

„Den Anderen möchte ich an dieser Stelle gratulieren.
Eure Verve und eure Courage haben mich inspiriert. Und
so bin ich schon heute vorfreudig gestimmt auf unser Treffen in der nächsten Woche, bei dem es weitergehen wird.
Mit euch und mit euren frischen, neuen, kreativen und ori-
ginellen Performances."

Christian erhob sich aus dem Ohrensessel. Das untrügliche Zeichen. Für den König war die Arbeit beendet. Seine „bessere Hälfte", so hatte sie sich selbst einmal bezeichnet, sagte nun „au revoir", sie werde sich zurückziehen, ihre Migräne mache ihr ein bisschen zu schaffen. Clemens und M tuschelten beim Hinausgehen. Ich ging ihnen nach. Unter mir sah ich die Planen des Parkettbodens vorbeiziehen. Johanna holte sich eine innige Umarmung bei Christian ab, dann verließ sie mit mir das Atelier. Bevor er die Wohnungstür schloss, nickte Christian ihr noch einmal anerkennend zu. Wir gingen durch den Flur, und die siegreiche Johanna des Performativen sagte zu mir: „Kopf hoch."

gläserne morgentautropfen lugen aus weiß verblühten löwenzahnnestern, manche streift ● im vorbeigehen und schüttelt den glanz aus ihren behausungen, die wasserperlen fallen auf den erdboden, während ein paar der mit samen behängten fallschirme wie flaum gemeinsam in die luft steigen. ● ist nicht gnädig, weder mit sich noch mit etwas anderem, ● ist nicht achtsam, sondern verwaltet nur die verformungen des körpers ohne rücksicht auf verluste. das körperrelikt spricht im gehen ungebändigt bände. in einem band sagt zum beispiel die aasschwarze fleischschlacke, die ● noch von den rippen hängt, mehr als tausend worte. und in einem anderen band ruht ● nicht, sondern tut tausend weitere schritte. sie kommen vom fließband, die schritte, und sie sind schritte des abschaums.

Vom Kopfkissen aus verfolgte der Sohn mit halbgeschlossenen Lidern die Flugbahn einer Stubenfliege. Ihr Summen ritzte die Kanten eines von der Decke hängenden, unsichtbaren Quaders in die abgestandene Luft des Schlafzimmers.

An den rechtwinkligen Schnittstellen wechselte sie exakt und präzise die Richtung, so exakt und präzise, dass er sich vorzustellen begann, sie sei eine winzige Drohne, deren Kurs über ein engmaschiges Satellitennetz kontrolliert wurde. Er stellte sich den Piloten am anderen Ende der Welt vor, eine Zigarette im Mundwinkel, den Joystick der Fernsteuerung in der Hand und das Head-up-Display mit Live-Bildern der Infrarot- und Wärmebildkamera aus seinem Schlafzimmer vor den Augen. Er stellte sich außerdem einen Ventilator an der Decke über diesem unsichtbaren Quader vor, einen Ventilator, der sich in Rotation befand, allerdings nicht gemächlich, sondern in einem wahnwitzigen Tempo, das die fünf einzelnen braunen Rotorblätter zu einer unruhig (manchmal auch in die entgegengesetzte Richtung) flimmernden Oblaten-Totalität verschmelzen ließ. Er stellte sich die Luftströmung von oben vor und das Zerzausen seiner Haare, er stellte sich dieses Flimmern der Flügel vor, fast libellenflügelhaft, und er stellte sich das Summen der Fliegendrohne, die inzwischen auf die Größe eines Kolibris gereift war (oder hatte ihr Schwirrflug sich ihm nur so weit angenähert, dass sie nun wie herangezoomt erschien?), als monotones Summen des Ventilators vor, damit sich die Rotation seiner Gedanken um das eigene Scheitern im Atelier endlich verlangsamen, beruhigen und verlieren würde, bis er merkte, dass er dabei war, erneut zu scheitern, weil es sich bei dieser Vorstellung lediglich um eine Projektion seiner eigenen Rotation handelte, eine Projektion nach außen, die ihm das Scheitern im Atelier und das Davon-Nicht-Loskommen-Können nur noch einmal und umso drastischer vor Augen führte (so wie das Head-up-Display dem Drohnen-Piloten die Schlafzimmerbilder in ihrer ausgiebigen Langeweile eindrücklich vor Augen führen musste), anstatt die Rotation aus ihm herauszulösen, auszulagern, zu isolieren und abzustellen. Er wünschte sich, die Rotorblätter wären Rasierklingen. *Aus meiner Haut schälen, aus meiner Haut schälen, aus meiner Haut schälen, aus meiner Haut schälen, aus meiner Haut schälen, aus meiner Haut schälen, aus meiner Haut schälen, aus meiner Haut schälen ...*

eine goldbraune kiesbank, an deren trockenen ausläufern der fluss vorbeiplätschert, die spitzen steinchen schürfen ● das letzte gewebe von den sohlen, bis ● keine sohlen mehr verbleiben und ● nur noch auf blanken knochen geht. barfuß in reinform. dann watet ● durch das kalte wasser, es strömt sanft und langsam dahin, lässt die offenen füße des körperrelikts abkühlen und spült ihnen die zwischenräume der zehenknochen frei und auch den innenrist des rechten fußes mit dem kaputten knöchel und den fußrücken des linken. die fersenbeine treten auf rundgewaschene, glatte steine und treffen dann auf feinen sand, der sich knirschend in die gelenkfugen legt. dazwischen wieder kleinere felsbrocken, die beim auftreten nachgeben und ● aus dem gleichgewicht bringen und zur seite kippen und in das nass fallen lassen. an dieser stelle ist der fluss nicht tief, ein aufrappeln gelingt nach ein paar versuchen. der feuchte, löchrige schädelknochen zieht mücken an, in scharen, die schwarmwolke bildet über ● eine gedankenblase, die nichts anderes beherbergt als leeres summen. in der nähe des ufers auf der anderen seite, wo eine sandbank das wasser fast zum stehen bringt, im fast stehenden gewässer, warten kaulquappen und flusskrebse auf eine zukunft. ● gibt ihnen nichts dergleichen, sondern steigt aus dem wasser und an das flache ufer und in einen kühlen herbstwind, der dem körperrelikt durch mark und bein geht.

Dr. Lueger dehnte das schwarze Gummiband zwischen dem Zeigefinger seiner rechten Hand und dem Radiergummiende eines gelben Bleistifts.

„10 Tage, 10 Monate, 10 Jahre", sagte er und zuckte mit den Schultern, „das kann man leider schlecht prognostizieren. Es gibt Patienten, die hat man bereits abgeschrieben, weil sie kaum noch Reaktionen zeigen und über eine Magensonde ernährt werden müssen – zum Beispiel –, die sozusagen nur mehr körperlich vorhanden sind, aber dann, dann kommt man mittags zur Visite ins Zimmer und da sitzen plötzlich genau diese Patienten vor einem aufrecht im Bett und löffeln fröhlich und selbstständig das Kartoffelpüree. Dann gibt es aber auch, nun ja, die gegenteiligen Fälle, bei denen es sehr schnell geht. Da ist man anfangs überzeugt: ja, die haben Zeit, die sind zäh, das wird noch dauern, auch die Blutwerte sind stabil, aber dann verschlechtert sich ihr Zustand innerhalb weniger Stunden dramatisch. Das gibt es auch. Sie sehen: Die Bandbreite ist groß. Jeder Mensch ist anders. Die Variablen der Einflussfaktoren, die da bei einem einzelnen Menschen zusammenspielen, lassen sich nun mal nicht auf einen Nenner bringen. Ich kann daher auch, was Ihren Vater angeht, keine Vorhersagen treffen. Das wäre alles andere als professionell. Sie verstehen."

Das Hinlegen des schwarzen Gummibands auf die oberste Patientenakte des Stapels am rechten Schreibtischrand signalisierte dem Sohn, dass Dr. Lueger mit seinen Ausführungen nun zu einem Ende gekommen war. Er deutete es jedenfalls als ein solches Signal, stand auf und sagte, dass er jetzt seinen Vater besuchen werde, worauf Dr. Lueger nickte. „Tun Sie das", sagte der Arzt und wollte dabei mitfühlend und ermutigend zugleich klingen.

Am Ende des Korridors, der zum Gebäudetrakt mit den Patientenzimmern führte, war eine Pinnwand befestigt, direkt gegenüber vom Schwesternzimmer, darauf hing neben dem Wochenmenüplan ein Aphorismen-Kalender der Firma Elektro Heinz AG. Der Sohn lief daran vorbei, und die Laufschrift des Slogans, der aktuell über dem Raster mit den Tagen und ihrem Datum stand, lief ihm hinterher und zog ihn am Ärmel und bettelte ihn um Lesen an, die Laufschrift bettelte, was das Zeug hielt, und er las sie, ohne stehen zu bleiben:

November
In den Kindern erlebt man sein eigenes Leben noch einmal,
und erst jetzt versteht man es ganz.
Søren Kierkegaard

Auf einer weichgezeichneten Photoshop-Fotowahrheit unter dem Kalenderraster, die der Laufschrift ebenfalls bis zu ihm nachgelaufen war, beugte sich eine selig und faltenlos lächelnde Frau in einem lichtdurchfluteten Raum über eine Wiege mit einem im Schlaf selig und kindchenschemagerecht lächelnden Baby. Er stellte sich vor, wie es wäre, wenn er hier und jetzt die Mutter antreffen würde. Wenn er sie beim Vater überraschen würde. Wenn er die Tür öffnen und sie sehen würde, wie sie an seinem Bett stand und sich über ihn beugte, mit geballten Fäusten oder mit einer Zange, und wie sie ...

1, 2, 3, 4, 5, 6 ..., er begann zur Ablenkung, seine Schritte zu zählen. Und er beschleunigte sie. Bei Schritt Nummer 87 hatte er Laufschrift und Foto abgehängt und erreichte schwer atmend die Zimmertür.

Im Zimmer war niemand. Das Bett war leer. Kein Bettlaken, keine Bettdecke, nur das Kopfkissen lag überzugslos und lethargisch in der Mitte der weißen Matratze. Es roch nach Putzmittel und Sterilität. Der Raum machte nicht den Eindruck, als wäre er vor kurzem noch bewohnt gewesen. Ihm wurde heiß. Er wehrte sich gegen die Schweißtropfenbildung auf seiner Stirn, wischte sie mehrmals mit dem Pulloverärmel ab, dann machte er kehrt. Wieder vor der Tür betrachtete er das Schild mit den vier Ziffern der Zimmernummer, vier Ziffern, klar und deutlich, völlig korrekt. Die Striche der einen Zahl bogen sich nach rechts zu zwei seitlich offenen Halbkreisen, die Striche der anderen Zahl berührten einander kantiger, ein Strich schnitt senkrecht durch einen waagrechten, und bei den zwei anderen Ziffern war kein Anfang und kein Ende zu erkennen, sie waren fast rund, diese in Blech eingravierten und schwarz auslackierten Zahlen dort vor ihm. Er kannte diese Zahlen, ihr Schema, er wusste, wofür sie standen, sie bezeichneten den hinter der Tür liegenden Raum, diesen einen Ort, und keinen anderen. Es war die richtige Kombination ... das Zimmer des Vaters. *Nichts. Fort.* Er sah sich um. Er konnte sich an keine der anderen Zahlenanordnungen mehr erinnern, die dieses Gebäude strukturierten, kein einziges Zimmerschild kam ihm bekannt vor. *Den Weg zurückgehen. Dann fällt einem alles wieder ein. So ist das doch. So funktioniert das doch. So muss es funktionieren. Wie weit zurückgehen? 87 Schritte. Zurück zu Dr. Lueger. Das wird nur nicht reichen. Weiter zurück. Viel weiter. Zurück, ganz zurück.*

Und anstatt nach jemandem zu suchen, dem er den Namen des Vaters hätte sagen und den er nach seinem Verbleiben hätte fragen können, machte er sich nun rückwärtsgehend auf den Weg nach draußen. Obwohl er dabei unentwegt den Kopf drehte, stieß er viermal mit Menschen zusammen, sowohl mit Pflegepersonal, das Servierwagen oder Ähnliches vor sich herschob, als auch mit Heimbewohnern, die drohend ihre Gehhilfen schüttelten oder ihn anherrschten, was mit ihm los sei, er solle sich gefälligst wie ein normaler Erwachsener benehmen und *aufpassen*!!!

Auf dem Gehsteig vor dem Gebäude sah der Sohn ein Volksschulkind mit einer rosaroten Schultasche auf sich zulaufen, ein Mädchen in einem himmelblauen Kleid und mit einem weißen Haarreifen. Auf seiner Höhe wurde es langsamer, betrachtete ihn mit Verwunderung, drehte sich dann um 180 Grad und ging wie er rückwärts, an seiner Seite; die Schultasche ragte als leimgefüllte, rosarot überwachsene Düne aus ihr heraus und schaukelte, und nach wenigen Metern fragte das Mädchen, warum er das denn mache, warum er denn rückwärtsgehe. Er sagte, dass er etwas verloren habe, darum steige er jetzt rückwärts in seine eigenen Fußstapfen. Es liege aber doch gar kein Schnee, sagte das Mädchen wegen der Fußstapfen. „Ich weiß", sagte der Sohn, „aber ich kann sie trotzdem sehen meine Spuren. Ich folge ihnen zurück." Diese Antwort genügte dem Mädchen, es sagte „ich auch", dann ließ es den Sohn hinter sich und rannte, noch immer mit der Leimdüne voran, die Straße hinunter. Er rief der Kleinen nach, ob sie sich nicht kennen würden, „warte!", rief er, aber da war sie schon um die übernächste Ecke verschwunden.

der straßenbeleuchtungskonvoi staut sich über ● im schritttempo dahin. nebenher halten alle paar hundert meter indische erhaltergottheiten die überlandstromleitungen in festen stahlhänden. zahnstocherne windradfügel stehen still. in den wiesen liegen druckreife und zerknüllte papierkühe auf maulwurfhügeln. am horizont hebt sich die kalte aura einer raffinerie kuppelförmig in den nachthimmel, dahinter die stadtlichter. ● hält interesselos darauf zu.

Er hatte das Rückwärtsgehen irgendwann abgebrochen. Es hatte nichts geholfen. Die Zahlenkombination war abwesend geblieben wie der Vater, und die unsichtbaren Spuren seines Hinweges waren dann auch unter ihm erloschen. Der Sohn war vor dem Schaufenster eines Juweliers stehen geblieben, hatte die Perlenohrringe und die Silberketten und die Armbänder gesehen, sie hatten ihn angefunkelt, und dann war er wieder zur natürlichen Vorwärtsbewegung übergegangen. Peilung eines neuen Ziels.

Der alte Peugeot parkte direkt und perfekt vor dem Haus. Der schwarze Lack schimmerte sauber und frisch. Die Entfernung der Vorder- und Hinterreifen zur Bordsteinkante betrug einen Zentimeter. Durch die Scheibe der Beifahrerseite konnte er sehen, dass die Mutter den Schaltknüppel wie immer auf Leerlauf gestellt hatte. Und der schwarze, harte Schwanz der angezogenen Handbremse reckte sich geil nach oben – damit der PKW nicht in ein unkontroliertes Rollen geraten konnte. Dafür trug die Mutter immer Sorge. Sie riss den Handbremsenhebel nach Abstellen des Motors immer mit voller Kraft nach oben.

Der Rasensprenger lag ohnmächtig im Gras. Sein Schlauch schlängelte sich zur Hausmauer. In der Hausmauer war ein bröckelndes Loch. Das Loch hatte einen kontinentalen Umriss.

Am Wohnzimmertisch fragte er die Mutter, ob sie das Schwarz-Weiß-Foto von Gilles Deleuze kenne, während er an einem Stück Schinken-Käse-Toast kaute, den sie ihm hingestellt und den er mit einem stumpfen Messer geviertelt hatte, aber mit zu wenig Druck oder mit zu zimperlichen

Schnittbewegungen, sodass ihm nun ein Toaststück die Schinkenzunge lang und spitz herausstreckte. Er fragte sie, obwohl er wusste, dass sie das Foto nicht kennen konnte, woher auch. Anstatt ihm zu sagen, dass er nicht mit vollem Mund sprechen solle, wie sie es sonst immer tat, verneinte sie knapp. Sie saß ihm gegenüber und sah ihm beim Essen zu. Er schmierte mit dem Messer Ketchup auf ein weiteres Toaststück, bevor er es in den Mund steckte. Dann bohrte er die Zinken der Gabel links neben den Teller in den weißen Stoff des Tischtuchs. Er löste die Gabel aus dem Stoff, dann stach er noch einmal zu und versenkte ihre Metallspitzen erneut tief in dem Weiß und wahrscheinlich auch in das Holz der Tischplatte darunter. Er sagte, dass man auf dem besagten Foto den Philosophen Gilles Deleuze sehe, mit Trenchcoat und schwarzem, schmalkrempigem Hut, er lehne am Holzrahmen eines Spiegels, und der Spiegel verdopple Deleuze. „Es gibt ihn zweimal", sagte der Sohn. Man sehe aber im Spiegel mit dem verdoppelten Deleuze weiter hinten an der Wand noch einen Spiegel hängen, in dem wiederum Deleuze mal 2 zu sehen sei, und in diesem Spiegel im Spiegel sei noch ein Spiegel zu sehen, ein dritter, der wieder Deleuze mal 2 zeige, und so weiter, es sei eine unendliche Spiegelflucht, sagte er zur Mutter, Mise en abyme oder Droste-Effekt, mit einem sich unendlich multiplizierenden und sich unendlich vervielfältigenden französischen Philosophen. Das müsse man doch aussprechen dürfen, sagte er, oder etwa nicht? Und er sagte, dass er das Foto durchaus originell finde, dass er aber nun gerade überlege, ob es nicht noch origineller wäre, diese unendliche Spiegelfluchtbewegung auf kreative Weise zu stoppen. „Den Spiegel zerschlagen", sagte er vor sich hin und kaute den Toast vor sich hin und stach die Gabel an einer anderen Stelle durch den Tischtuchstoff. Ein wenig Ketchup blieb im Gewebe hängen. Schließlich könne das nicht unendlich so weitergehen, sagte er, man brauche schon *eine* Ursache, *eine einzige*, die dem Ganzen Sinn gebe, *einen* Sinn und damit *eine* Originalität, sagte er und kaute und stach weiter, und diese Originalität müsse man sich selbst erschaffen, sagte er zur Mutter, die verständnislos dasaß, diese Originalität müsse man aus sich selbst heraus schaffen, ohne Beistand. Ohne Mütter. Ohne Väter. Ohne Vorgänger. Ohne Vorfahren. Man müsse sich dessen entledigen. Der Insinuationen. Er fragte, ob sie an die Möglichkeit glaube, dass einer der Deleuze den Sprung aus dem Fenster überlebt haben könnte. Schweigen. *Die Metallzinken der Gabel sollten in ihrer Halsschlagader sein. Die Messerklinge sollte in ihrer Brust sein oder in ihrer Wange, oder sie sollte tief in ihrem Bauch stecken oder zwischen ihren Beinen. Aber dann wäre ich nicht mehr, weil dann wäre ich nichts anderes mehr als ein Muttermörder für sie, für alle, kurzzeitig interessant, aber prinzipiell ordinär und längerfristig langweilig, eine konkrete, langweilige Ganzheit.* Und er zeichnete mit der Gabel parallele Linien in das Tischtuch. Und so, wie sich das Gewebe unter den Gabelzinken aufraute, sah er die Verlinkungen, die Be- und Verschlagwortungen, die digital sich verewigende Bespielung seines Namens vor sich und dessen analytische Hashtag-Quintessenzialisierung im WWW, Fittiche der Massenbildgräber irgendwelcher beständigen und massiven Hochsicherheitsarchive: #muttermörder #mother #hateyou #murder #orest #diefag #burnhim #revenge #homicide #kill #stab #gore #killthecoward #aufhängen #sofortumbringen #misogynie #todesstrafefürmuttermörder #ödipus #freud #psycho #psychosis #schizo #tötetdenmuttermörder #tabu #knife #kastrationsangst #lacan #erstechen #brutal #death #tod

#menstruationsblut #bloody #coldblood. Und in diesem hitchcockmäßig flatternden Onlinerautengewirr, das vom Tischtuch aufstieg und ihn einkesselte und ihn eingekesselt hielt, ihn mit verknoteten Wortschwanzflossen ab- und auspeitschte wie in einem dunklen Jahrhundert, hörte er kurz auf zu kauen und taxierte sie, die Gestalt vor ihm, die kümmerlich und bucklig und stumm die Toastkrümel auf seinem Teller musterte.

„Den Vater", sagte er zu ihr, „ich habe ihn nicht gefunden im Pflegeheim ... aber das wird schon seinen Grund haben ... nicht?"

Die Mutter nickte, aber es ließ sich nicht sagen, ob sie ihn wirklich gehört und verstanden hatte.

„Ich weiß nicht, was zwischen euch vorgefallen ist", sagte er, „ich kann es nur ahnen. Aber es *ist* etwas vorgefallen. Es ist etwas vorgefallen. Hat er dir wehgetan? Hat er dir ein Kind aus dem Bauch getreten oder so?" Er fragte und klang dabei weit- oder leerräumig, eine Hangarstimme. „Ein Ungeborenes, als er besoffen war, vielleicht? Was ist passiert? Hat er das Kind nach der Geburt krank gemacht und es dann sterben lassen? Eine Schwester vielleicht? Oder hast *du* sie sterben lassen, hast du eine Tochter erstickt vielleicht? Sag jetzt, mit einem Stück Garn? Oder mit der Seele vom kaputten Koaxialkabel an dem alten Videorecorder da drüben? Oder mit deiner Seele oder mit deinen bloßen Händen, oder ist das alles vielleicht unabsichtlich passiert, ein Unfall? Hast du dir ein totes Kind gewünscht? Es hat eine Schwester gegeben, nicht? Es hat eine gegeben. Von der ihr mir nicht erzählt habt. Eine Tochter. Vor mir. Und dann ... *Durch den Türspalt*, weißt du noch?"

Die Mutter blickte auf. Ihre Augen verformte Knautschzonen.

„Ich habe ihn nicht gefunden", sagte er, „er war nicht in seinem Zimmer. Als ob er nie dort gewesen wäre. Das Zimmer war leer. Und ich habe es bestimmt nicht verwechselt. Wo ist er? Weißt du irgendwie darüber ...?" *Gib es zu. Gib es endlich zu.*

Ihre Hände verschwanden unter der Tischplatte, wahrscheinlich legte die Mutter sie flach in den Schoß. Sie sah ihn an, wie man ein unbeaufsichtigtes Gepäcksstück ansieht in einer Ankunftshalle, auf einem notabgeschalteten Förderband, zwischen Parfumflakons im Duty-Free-Bereich oder an einer einfachen Straßenecke. Der Sohn erwiderte den eulenäugigen Blick, er warf ihn zurück, mitten in ihr Gesicht, wie einen weißen Handschuh.

„Es hätte auch nichts geändert", sagte er. „Ich habe nichts weiter vor. Ich habe keine weiteren Absichten. Ich weiß schon gar nicht mehr, wo ich außerhalb von mir anfange und wo er in mir aufhört."

Ich bin ein von Seidenraupen zerfressenes Blatt. Ich sollte selbst Raupe sein, aber ich bin das Blatt. Ich bin das skelettierte, das abgenagte Blatt. Und ich sollte es nicht sein. Ich sollte es nicht sein. Ich nicht. Wenn es nach Chris...

Er nagelte wie ein selbstmitleidiges Opfer mit der rechten Hand ein Brett, einen schwarzen Balken vor seine Augen. „Da ist nichts", sagte er gleichzeitig zur Mutter. „Kein Funken Originalität. Nur Anonymes."

Die Mutter sog die kühle, staubdurchsetzte Wohnzimmerluft fast lautlos durch die Zähne ein. Sie sah wieder zu den Krümeln auf seinem Teller hinab. Oder nein, sie blieb hängen, sie hatte nun nicht mehr die wenigen Krümel, sondern die mit Ketchup verklebten Gabelzinken im Blick, die sich aus seiner Faust bogen. Ihre Metallspitzen strahlten wie Lametta und zeigten ein wenig gegen ihre linke Wange.

Im Gesicht der Mutter bewegte sich nichts, wobei ... es lag zwar in den gewöhnlichen Falten, dazwischen aber verzweigten sich feine, blaue Äderchen, ungesund und angespannt. Sie presste die Lippen aufeinander. Sie sah aus, wie wenn sie zum Aufspringen bereit wäre.

Der Sohn legte das Besteck auf den Teller, schluckte den letzten Bissen, wischte sich mit dem Handrücken in Ruhe über die Mundwinkel und sagte: „Ich werde jetzt gehen."

Kapitel 11

sporen haben ● befallen, haben ● übersät, sie haben sich auf
● in ihrer ungeschlechtlichen art und weise vermehrt und
knollenblätterpilze und zunderschwämme entstehen lassen, die ihre fruchtkörper nun wie zahlreiche kleine erker,
markisen und organische dachvorsprünge über die fleisch-,
muskel- und skelettgrenzen schieben. dazwischen flechten.
und ameisen klettern die hellgrünen farnsprossen hoch und
runter; die stiele mit den farnrippen wachsen aus der wunde in der bauchhöhle. dort ist es schattig, dort kann man
gedeihen. das körperrelikt selbst geht nicht im schatten,
sondern durch eine nebelhafte morgendämmerung, in der
sich ein tagmond ankündigt und häuser und gärten auftauchen. je weiter das körperrelikt die straße entlang hinkt,
desto mehr häuser und gärten und garagen und zäune und
netzumspannte trampoline rahmen ihre beiden seiten, vermehren sich auch sporenähnlich.

Auf der Brücke sah er zum Bach hinunter. An einer en-
geren Stelle, gute zweihundert Schritte den Wasserlauf ab-
wärts, wo die Strömung flach und unaufgeregt dahinglitt,
hatte er früher mit den Nachbarskindern Dämme aus Äs-
ten und Steinen gebaut, kleine, seichte Buchten, in denen
sie herumgewatet waren, um nach Katzengold zu schürfen.
Er lehnte sich auf das dunkelgrüne Stahlgeländer.

Schönheit ist so versöhnlich, dachte er, der Sohn, und scharr-
te mit einer Schuhsohle wie mit einem unbeschlagenen Huf
über den rauen Betongrund. *Ich sehe: eine gerupfte Rose, blü-
tenlos (ist das dann noch eine Rose?), vor der Haustür eines*

sanierten und restlos restaurierten Altbaus; das haselnussgro-
ße, schwarze, behaarte Muttermal hinter einem Ohr; die allzu
glatte Haut eines Nackens oder einer Schulter; ein beruhigend
toter Mäusebussard am Gehsteigrand zwischen Cafeteria und
Park; das Foto einer verwilderten und beunruhigend verlas-
senen Bowlinghalle. Das sehe ich und denke „ist das schön" oder
„ist das schön im Abstoßendsein", und schon überzieht sich
alles mit einer versöhnlich glitzernden Salzwasserkruste bei so
viel allgemeiner Harmonie. Stehendes Gewässer, dachte er, hob
einen Kieselstein auf und ließ ihn wie einen dicken Tropfen über das Geländer fallen. *Wie Johanna. Verengte Schilf-*
rohrgedanken, kommt schon, stecht das schöne, stillstehende,
idyllisch und brackig schillernde Biotop leer und tot. Erst dann:
erleichtertes Aufatmen. Wenn nur noch das Abstoßende über-
lebt haben wird. Das Abstoßende in Reinform. Dabei sollte es
umgekehrt sein. Es sollte nicht nur das Eine überleben, diese
eine Engstelle.

Ein Auto fuhr hinter seinem Rücken vorbei, zu schnell
im Ortsgebiet. Dicht neben seinem linken Schuh lag die
stachelige Gebärmutter einer fortgerollten Kastanie ganz
flach auf ihrem Bauch, sie musste mit der letzten, verwelkt
raschelnden Blätterflut angeschwemmt worden sein, obwohl: keine Kastanienbäume weit und breit, überhaupt keine Bäume in der nächsten Umgebung der Brücke. Aber sie
lag dort, einsam, ein toter, brauner Krebs, ein zertretener
Kugelfisch.

Schade, dass es hier keine Möwen gibt, dachte er mit einem
Blick auf den verschleierten Himmel, *und bestimmt auch*
keine Bachmuscheln. Mit einer von Möwen aufgebrochenen
Bachmuschelschale könnte ich mir die Kehle durchschneiden.
Das Muschelbecken würde das Blut gleichgültig sammeln und
es scheinheilig umkränzen. Ich müsste ans Meer. – Ach, halt

doch den Mund. Er trat mit dem Fuß gegen die Stahlver-
strebungen und lachte ein lautes, unechtes Dreizacklachen
über das folgende Glockengebell. Weiter vorne am Fußball-
platz zog der Zeugwart mit seinen Heuschreckenarmen die
Schubkarre an ihren Fühlern in den Geräteschuppen.

● wird bald im ◉ der stadt sein.

> Nachricht von Johanna:
> hallo, hast du zeit
> heute abend? es ist
> wichtig. lg, j
>
> > Antwort:
> > hi, bin noch
> > unterwegs.
> > aber heute passt gut, hab
> > nichts weiter vor.
> > wo und wann? lg
>
> Nachricht von Johanna:
> um 19:00 im hitami,
> ist gleich bei dir hinter
> der u station
>
> > Antwort:
> > ok, kenn ich, bis dann

Ihre Augen glänzten fiebrig, und auch ihr Haar spiegelte
und sah so aus, als ob auftreffendes Wasser davon abperlen
würde. Johanna bestellte unkonzentriert und ohne weiteren Blick in die Karte eine Miso-Suppe. Er bestellte nichts,
sah sie an, sah ihre mittlerweile fast durchsichtig scheinen-
de Haut, ihre Augen, die tief und schwarz umrandet in den
Höhlen lagen, sah ihre unrein schwärenden Aknewangen
und die Mitesser wie schwarze Mikro-Maden in den Haut-
poren auf ihrer Nase sitzen, und er war betreten und scha-
denfroh. *Ob sie Christian so noch gefallen wird?*

„Gut für den Magen", sagte sie zum Sohn, als die Kellnerin die Suppenschale brachte.

„Ist alles in Ordnung?", fragte er.

„Ja", antwortete sie, „ich bin nur ... ziemlich urlaubsreif. Viel am ... am Kellnern. Im Herbst ist bei uns immer furchtbar viel los."

„Aha."

Sie tauchte den chinesischen Löffel in die Schale und rührte ihn hin und her. Die Suppe gluckste und pustete ihr Dampfwölkchen in die Nase.

„Ist wirklich alles in Ordnung?", fragte er.

Johanna nickte, ohne den Löffel aus den niedergeschlagenen Augen zu lassen.

„Und sonst ...", fragte sie, „was tut sich so bei dir?"

Es ist an der Zeit, ja, es ist an der Zeit, ich erzähle es ihr, ja, sie soll es ruhig auch wissen, sie soll ruhig wissen, wie es mir ... was ... worauf ich gestoßen bin. Sie hat mich ehrlich gefragt, und ich antworte ihr ehrlich, sie will, ja, sie will Ehrlichkeit, und sie hat sich Ehrlichkeit verdient. Und dann redete er von der Schwester, „sie ist tot", sagte er, „und ich weiß nicht, warum und wie sie gestorben ist oder wo ... wo sie begraben liegt", *meine Kleine, meine liebe Kleine,* „und ich weiß nicht mal, wie sie geheißen hat. Aber ich komme schon noch dahinter", sagte er zu Johanna und massierte dabei sein rechtes Ohrläppchen, „das sag ich dir, das kann ich dir versprechen, ich werde schon noch dahinterkommen", und er sagte, dass er heute bei der Mutter gewesen war, „man muss Detektiv spielen", sagte er, „und misstrauisch sein und immer die Augen und Ohren offen halten, du weißt schon, nichts für bare Münze nehmen und so", und er dachte an den Vater und sagte „aber ich bin kurz davor, ja, ich stehe kurz davor, kurz vor der Lösung des Rätsels. Das alles reicht noch weiter zurück. Erinnerungen, du weißt schon, solche, die einem so selten kommen, dass man fast glaubt, es wäre nichts ... es wäre gar nichts gewesen. Nichts."

Johanna hatte ihre Suppenschale erst zur Hälfte geleert, Tofuwürfel waren keine mehr zu sehen, nur noch ein wenig Wakame trieb sich dort unter der Oberfläche herum oder haftete wie grüne Zysten an der Schaleninnenwand.

„Mhm", sagte Johanna, „das kenn ich. Da muss man dann nachforschen. Aber: vorsichtig. Weil ... wenn man einen Täter sucht und keinen findet, beginnt man irgendwann in sich selbst herumzurecherchieren und herumzuwühlen. Und dort ... dort wird man dann fündig, glaub mir das."

Er verstand nicht, was sie meinte, legte nur kurz den Kopf etwas zur Seite, der hohe Abstraktionsgehalt ließ ihn nach links kippen, und fragte nicht und dachte nicht weiter darüber nach.

„Uff", sagte Johanna, „ich kann nicht mehr." Sie seufzte, legte den Löffel auf die Serviette und lehnte sich nach hinten, als hätte sie gerade ein argentinisches 700g-Rib-Eye-Steak mit fünf Beilagen verdrückt. „Unmöglich. Pappsatt."

Sie steckte die Hand unter ihren Pullover und strich über ihren flachen Bauch, ganz gemächlich. Sie sah wunschlos aus und so, als würde sie kurz vor dem Einschlafen stehen. Doch plötzlich fuhr sie hoch und stand, die Suppenschale zitterte, und da war sie mit ihrem Oberkörper über der Tischplatte und ganz nah an seinem Gesicht. Blaue, tellergroße Augen. Die Fingernägelspitzen klopften auf das Holz, tktktktk, hart, hohl und viertaktig, und verrieten so ihre bemerkenswerten Längen, die ihm vorher nicht aufgefallen waren.

„Weißt du", flüsterte sie, „ich stelle auch Nachforschungen an."

Tktktktk tktktktk tktktktk.

„Willst du wissen, welche?“

Tktktktk tktktktk tktktktk.

Ihre blauen Augen waren unausweichlich. Er nickte. Daraufhin rückte Johanna langsam, Zentimeter für Zentimeter, wieder von ihm ab. Sie setzte sich aber nicht, sondern blieb noch am Tisch stehen, machte eine Rundschau durch den Raum, ob sie auch niemand beobachtete, und bohrte dann die Finger ihrer rechten Hand in die Hosentasche, wo sie gruben und ruckartig und linkisch ein längliches, in Alufolie verpacktes Ding hervorzerrten, um es anschließend mitten auf dem Tisch zu platzieren, symmetrisch und perfekt parallel zur Kante. Das längliche Ding erinnerte an eine silberne Zigarre, ein Ende war abgerundet. Johanna musterte es und strich eine faltige Stelle in der Alufolie glatt, wie zur Belohnung, weil das Ding sich so brav und still verhielt und liegen blieb und keine Anstalten machte, abzuhauen. Dann setzte sie sich wieder und sah ihn an.

„Morgen ist unser nächstes Treffen“, sagte sie. „Bist du ... weißt du schon, was ...?“

Er spürte, wie Druck in seinem Ohr aufblühte, und er spürte, wie sich sein Brustkorsett zusammenzog. *Dumpfes Ungetüm. Das Atelier. Der Brutkasten. Dekompressionskammer.*

„... du endlich loslassen und alles vergessen kannst ... erinner dich, was Christian gesagt hat: Vergessen ist wichtig, damit du ...“

Der Vater.

„... vielleicht schon etwas vorbereitet, das du morgen dann aufführen wirst ...“

Da unterbrach er sie und sagte, dass er dieses eine schwarzweiße Foto, dieses eine Spiegelfluchtfoto vor Augen habe.

Er beschrieb ihr das Foto und sagte, dass er es permanent vor Augen habe und dass er nicht mehr loskommen könne davon, von diesem Foto, von diesem Augenwurm, dass ihn dieser Augenwurm nicht in Ruhe ließe, dass er sich in seine Augenwinkel und in die Netzhaut gefressen hätte und dass die Mutter ... Johanna zeigte ihm eine nackte Handfläche. *Stopp.*

„Sag mal: Willst du dich jetzt ernsthaft zum ... zum *Anekdotischen* hinreißen lassen, oder was?", so ihre Reaktion. „Ich finde, das hat was ziemlich – Prätentiöses. Und was Selbstverliebtes, ehrlich gesagt."

Ihre Augen waren nun schmal und hatten Ähnlichkeit mit denen der chinesischen Kellnerin, die ab und zu vorbeiging, nur dass die Regenbogenhäute Johannas blau waren, blaue Segel. Und er fand plötzlich, dass Johanna schön war, wieder, und ihm wurde einen Moment später, als sie die Serviette von sich wegschob, bewusst, dass er wieder fand, dass Johanna schön war, und da hatte er das Gefühl einer möglichen, rettenden Rückkehr, zurück zu etwas Verlorenem. Aber da wiederholte Johanna: „Morgen ist also unser nächstes Treffen", und sie sprach es so aus, dass er dachte, *sie lässt mich nicht vom Haken, sie will es wissen, sie lässt nicht locker,* und in seinem linken Ohr wurde es auf einmal wieder sturmlaut, binnen Sekunden, und so saß er nur da und hatte keine Antwort, er wusste nichts darauf zu sagen, er wusste nicht anzuknüpfen an ihren Satz, den er als eine Aufforderung zum Antworten verstand, er wusste nicht an ihn anzuknüpfen, weil er nichts hatte, mit dem er hätte anknüpfen können, und so schwieg er und hörte schweigend zu, wie es dröhnte. Doch statt ihn in seinem Schweigen erneut auf seine Vorbereitungen anzusprechen, auf das Morgen, auf das Atelier morgen, begann Johanna ihm nun von dem Ding zu erzählen, das eingepackt zwischen ihnen auf dem Tisch lag, das Ding, von dem sie nun sagte, dass es ein Reagenzglas sei, ein Reagenzglas oder eine Art Röhrchen, wo sie heute morgen eine Stuhlprobe hineingegeben habe, und zwar mit dem im Verschluss integrierten, kleinen, weißen Plastiklöffel, und diese Stuhlprobe hätte bereits heute ins Labor sollen, doch habe sie heute keine Zeit gehabt, nicht eine freie Minute, und morgen werde sie leider mit Sicherheit auch keine Zeit erübrigen können, weil sie derzeit wie gesagt so viel arbeiten müsse, Arbeit, Arbeit, Arbeit, ein hartes Brot, das Kellnern, ja die gesamte Gastronomie eigentlich, und daher habe sie an ihn gedacht, ob er als ihre gewissermaßen letzte Rettung diesen Botendienst für sie übernehmen könne. Denn so könne es nicht weitergehen, sagte sie, mit ... na ja, mit ihrer ständigen Schwäche und der ständigen Antriebslosigkeit, mit ihrer ramponierten Verdauung und dem lädierten Magen. „Und alles, weil da drinnen etwas haust", sagte sie, *„vampirisch"*, und sie pochte beim „da drinnen" auf eine Stoffstelle ihres Pullovers, unter der sich wahrscheinlich ihr Bauchnabel verbarg. „Hier. Hier in mir drinnen", sagte sie, „vermutlich, nein: sogar höchstwahrscheinlich", aber sie brauche eben den entsprechenden Befund, sie brauche diese Tatsache, diese Gewissheit trotzdem auch schwarz auf weiß, damit sie dagegen vorgehen könne, „vielleicht sogar medikamentös am Ende", sagte sie, „wenn alle Stricke reißen sollten." Aber höchstens als kurzfristige und begleitende Maßnahme, wandte sie ein, und wenn es eben anders, das heißt ganz ohne, gar nicht gehen sollte, was man nicht ausschließen könne, denn immerhin habe es sich bereits angedeutet, dass ernährungsmäßig (weizen-, laktose-, kohlenhydrat- und glutamatarm), kinesiologisch und cranio-sacral bei ihr keine Erfolge zu erzielen seien.

„Aber alle Stricke werden schon nicht reißen", sagte sie sich selbst beruhigend, und tktktktk machten ihre Fingernägel auf dem Holz, denn sie habe ja noch immer ihren Trumpf im Ärmel, ihren *magischen Trumpf* und Triumph, sagte sie, nämlich das morgige Treffen, und dafür wolle sie fit sein, unbedingt, denn um diesen wöchentlichen Dreh- und Angelpunkt gruppiere sich ihr gesamter Heilungs-, ihr gesamter Genesungsprozess, und dafür, für die Zusammenkunft im Atelier, sei wieder eine sehr eingehende, meditative Vorbereitungsphase notwendig. Zeit, sagte sie ernst, sie brauche Zeit, dringend. Denn Originalität, Kreativität und Affirmation erfordern Inspiration, und Inspiration oder Muse erfordert Muße, die eben Zeit erfordere, damit sie einen zur Gesundheit und damit zur Befreiung des Körpers führen könne. „So ist das", sagte sie. „Ein Versagen im Atelier ist keine Option. Für mich wenigstens. Kei-nes-falls."

Ihre langen Wimpern begannen zu wispern.

„Also, was sagst du? Kannst du das machen? Gehst du morgen für mich damit ins Krankenhaus?"

Ihre Wimpern wurden länger, wuchsen wie Schuldscheine und wisperten ihm weiter zu.

Er sagte ja, und er sah sie an, fast mit Liebe.

„Danke. Du bist mein Retter. Ganz ehrlich."

Der Sohn wartete auf eine zu diesem Satz passende Berührung, aber sie kam nicht. Seine Hände verkümmerten zu zweit vor der kalten Silberzigarre, jede Hand für sich. Dann, als Johanna zum Abschied „Bis morgen" sagte, rafften sie sich auf, aber nur eine wurde freundschaftlich und warm von einer fremden umschlossen. Dafür durfte sich die andere daraufhin die Silberzigarre nehmen, bevor diese sich am Ende doch noch über die Tischkante davonstehlen konnte. Keine Umarmung. Sie gingen aus dem Lokal.

Es hatte zu regnen begonnen. Die Luft roch nach süßem, feucht gemähtem Herbstgras. Er erinnerte sich an den Fernsehwetterbericht, was ihn daran erinnerte, dass er den Regenschirm vergessen hatte. Johanna lief, die Kapuze über den Kopf gezogen, zwischen den Tropfen davon. Es schien, als ob sie gar nicht nass werden würde. Sie drehte sich nicht um. Er hatte das Nachsehen.

über dem zentrum der stadt errötet die stunde. dämmerungszeit. tagesanbruch. wieder sind viele fragmentierte körper auf den beinen, den knien oder den händen unterwegs. sie schieben sich nach wie vor aneinander vorbei. auch die breite stadtgürtelstraße schimmert rot. das körperrelikt schleppt sich herum. es ist ein nackter hungerhaken, ein auseinandergebrochener, geschmolzener komet. hunde verschanzen sich hinter der aufgeblasenen künstlichen palme vor einem schnellimbisslokal. kein laut aus ihren mäulern, kein aufjaulen, kein ab- oder aufgesang. sie greifen nicht an, stattdessen liegen sie mit eingezogenem schwanz dort am fuße der mülltonnen. die anderen anwesenden körper sind eigentlich nicht anwesend, sie wandern und halten nicht inne, auf ihren wegen wird von ihnen nichts kindisch oder kindlich bestaunt, sondern nur abgeklärt und tödlich und einförmig zu tode belächelt, unter eingerissenen lidern hervor, mit gebrochenen augen. da vorn steht eine haustür offen, über ihr hängen sechs fensterreihen, straff aufgefädelt. gegenüber ein ähnliches bild, eine ähnliche fassade, ein ähnlich verziertes mauerwerk, nur in zitronen- oder schwefelgelb und nicht in abgasbewölktem sandstein. ein spiegelgefecht, links gegen rechts. links die offene tür, rechts nicht. rechts ein baugerüst, links nicht. ● hinkt zur offenen tür.

Das Brennholz hatte immer der Vater beschafft, alle vier Jahre und während des Sommers. Er hatte es von einem Bauern bezogen, dessen Hof nicht weit von der Grenze entfernt gelegen war. Er hatte es bestellt, per Telefon, und der Bauer hatte die Fuhre persönlich und pünktlich geliefert, mit dem Traktor, direkt vor die Haustür, wo es auch vom Anhänger gekippt worden war. Das Brennholz des Bauern war billig gewesen und gut getrocknet. Es hatte sich gut für das Beheizen des Kachelofens geeignet. Als Gegenleistung für den niedrigen Preis hatte der Vater ihm zweimal bei der Entleerung der Senkgrube auf seinem Hof geholfen.

Zu dritt war das Holz dann geschichtet worden, meistens schweigend. Vater, Mutter, Sohn. Vor dem Aufeinanderschichten hatten sie die Scheite in geflochtenen Körben hinter das Haus getragen. Der Sohn erinnerte sich daran, dass der Vater dahinten bei der Hausmauer immer viel Zeit mit der Planung des Fundaments verbracht hatte, dass der Vater minutenlang vor dem Sockel des Holzstoßes, vor der ersten Holzreihe gestanden war, mit einem offenen karierten Holzfällerhemd oder mit nacktem Oberkörper, auf jeden Fall mit einer Maverick-Zigarette in der Hand, die lässige Körperhaltung des Piloten mit dem Helm und der verspiegelten Pilotenbrille unbewusst imitierend, nämlich jenes Piloten, der hinter der Plastikfolie der Zigarettenschachtel (irgendeine Sonderedition) vor dem blank polierten Triebwerk eines Propellerflugzeugs cool mit einer Zigarette abgebildet gewesen war. Und der Piloten-, der Fliegervater hatte über den Abstand der Scheite und deren Stabilität nachgedacht, um dann zwei oder drei Holzstücke ein wenig zu drehen, mit der Axt kleiner zu spalten oder an einer anderen Stelle einzufügen. Die rot glühende Zigarettenspitze hatte Richtung Handgelenk gezeigt, die Glut hatte sich versteckt, während ihre Rauchwölkchen von der hohlen Hand wie von einem leicht verfetteten Dunstabzug beschirmt worden waren, und das Auge des orange ummantelten Filterzyklopen, vom Vater nassgesaugt, hatte symptomatisch für eine kaputte Leber anstatt für eine geteerte Lunge blassgelb durch die Gegend geschaut. Der Sohn erinnerte sich, wie der Vater die Zigarette, jede Zigarette, bis ganz zum Filter geraucht und danach auf den Waschbetonplatten ausgetreten hatte, sich dann gebückt, den Stummel sorgfältig aufgesammelt und sofort in seiner Hosentasche verstaut hatte. Als sei im Zuge der Auslöschung oder noch vor dem Akt des Auslöschens etwas vonstattengegangen, das nicht erlaubt, nein, mehr noch: das über alle Maßen verwerflich gewesen war und von dem daher nichts zurückbleiben durfte, nichts, nicht das Geringste. *Aber die Zufriedenheit, die Zufriedenheit auf dem Gesicht des Vaters …* Eine Zufriedenheit, die der Sohn gut kannte, die er manchmal im Gesicht des Vaters aufglimmen gesehen hatte, eine Zufriedenheit nämlich, die immer auch dann erschienen war, wenn der Vater im Garten der aus ihrem extra für sie aufgestellten Napf fressenden Nachbarskatze (die der Sohn so gerne um sich gehabt hatte, weil sie ihn so oft unabsichtlich getröstet hatte) von hinten seinen Fuß auf ihren Schwanz gesetzt und den Fuß langsam mehr und mehr belastet hatte, ihn auf den Boden gedrückt und den Druck graduell weiter erhöht hatte, so lange, bis das Tier leise und grässlich aufmiaute.

Das noch immer in Alufolie eingewickelte Ding hielt er nun wirklich fast wie eine Zigarre waagerecht zwischen den Fingern, als wolle er jeden Augenblick einen tiefen Zug davon nehmen. *Nicht inhalieren, nur paffen.* Man hatte ihm gesagt, dass er kurz im Wartebereich Platz nehmen solle, die zuständige Person, die derartige Proben entgegennahm, sei gerade in der Mittagspause. Das war vor über einer Stunde gewesen.

Nach einer weiteren halben Stunde, in der zwei Rentner und eine Mutter mit Kind an die Reihe gekommen waren, stand er auf und ging zur bebrillten Schwester, die zehn Schritte entfernt hinter einer Glasscheibe saß, einer Glasscheibe mit kreisförmig angeordneten Sprechlöchern, die, als er sich hinunterbeugte, ein völlig teilnahmsloses Gesicht zerhagelten. *Dieses völlig teilnahmslose Gesicht* ... Er sagte kein Wort, sondern schlug mit der Faust auf das Pult. Er legte die silberne Zigarre vor sie hin. Dann schlug er mit der Faust gegen die Scheibe, drehte sich um und verließ das Krankenhaus.

Beim Haupteingang, wo links und rechts die stundenglasförmigen Zigarettensammelstellen mit flachem Gitterdach zum Abaschen und Ausrauchen standen, um die sich Besucher, Personal und Bademanteltragende gleichermaßen scharten, hörte er, wie hinter ihm jemand „He, Sie! Moment, warten Sie!" rief. Er fühlte sich nicht angesprochen und ging weiter. Erst als sich der Ruf in seinem Rücken wiederholte, drehte er sich um. Ein Mann in einem weißen Kittel kam hinter ihm her. Er schlenderte fast und war nicht in Eile.

„Sind Sie Patient hier bei uns?", fragte der Mann.

Der Sohn schüttelte den Kopf.

„Ich wollte Ihnen keinen Schrecken einjagen, verzeihen Sie."

„Kein Problem", sagte der Sohn.

Der Mann im weißen Kittel hatte eine grüne und eine blaue Iris.

„Mir ist an Ihnen nur etwas aufgefallen, als Sie gerade bei uns Rauchern vorbeigegangen sind. Etwas an Ihrem Hinterkopf, etwas, nun ja, wie gesagt, etwas Auffälliges."

„Was meinen Sie?", fragte der Sohn und fuhr sich hinten durchs Haar.

„Haben Sie Schmerzen? Tut es weh, wenn Sie dort drücken?"

„Nein. Warum sollte es ...?"

„Sie haben dort zwei Läsionen. Zwei kleine Beulen. Spüren Sie die Verkrustungen? Keine Panik, höchstwahrscheinlich nichts ... also nichts Ernstes. Ich würde Ihnen trotzdem dringend raten, sich das sobald wie möglich untersuchen zu lassen. Vorbeugend, bevor sie sich noch entzünden und Probleme machen. Bei solchen verdächtigen Geschichten, auch bei Kleinigkeiten, da sollte man auf Nummer sicher gehen. Speziell am Kopf."

Der Sohn sah an dem Mann mit dem weißen Kittel vorbei. Die übrigen Raucher hatten sich nicht von der Stelle gerührt. Sie lungerten noch immer vor dem Eingang herum wie bei einer tristen Familienaufstellung.

„Es geht mir gut", sagte er dann, „danke. Ich werde mich melden."

Im Weitergehen tastete er seinen Hinterkopf genauer ab. Er spürte, dass ihm der Mann nachschaute. Er spürte, dass da wirklich zwei kleine Beulen waren, auf gleicher Höhe, wie zwei mit Gelee gefüllte Knospen oder zwei heftige Mosquitostiche, nur viel umfangreicher. Ein zusätzliches Augenpaar, kleine Augäpfelchen, *noch kätzchenjung, noch liderversiegelt, vielleicht wachsen mir die Augen des Vaters aus dem Hinterkopf, und vielleicht wird daraus ein durchgängiger Augenäquator, einmal rund um den Kopf wie ein strahlender Dornenkranz, aufgefädelt wie bei einer Perlenkette,* dachte er, *ein Augenkranz, Augen in jede Richtung, Kopfkranzgefäße, sie nähen mir dann ein strahlendes Panorama-Ei zusammen, ein Panoptikum, ich werde zu einem Panoptikum, endlich, dann wird mir auch nichts mehr entgehen, nichts mehr, gar nichts mehr, keine Auslassung, keine Ellipse mehr,* dachte er, und dann dachte er an den Vater und an die kleine große Schwester und überlegte, ob sie wohl beim Holzstapeln geholfen oder sich davor gedrückt hatte.

stufe. stufe. stufe. stufe ... im dritten stock klemmt ein holzkeil oberhalb des unteren türscharniers. die tür steht weit genug offen. ● hinkt hinein. drinnen jalousienlicht. überall bewegt sich etwas oder atmet. die vorzimmerwände reißen sich nicht um das körperrelikt, sie quellen still über den schädel von ● hinweg. ● geht weiter. im badezimmer drückt der duschkopf die eine oder andere krokodilsträne aus dem facettenauge. auf der ablage unter dem badezimmerspiegel streckt ein schwarzes haargummiband alle rundungen von sich. die seife hat ein maul. und spitze zähne. der beschlagene spiegel darüber will sich selbst zerschlagen, weil eine partie kreis und kreuz auf ihm nicht zu ende gespielt worden ist, kann aber nicht über sich selbst hinaus.

● wendet sich um und geht weiter ins wohnzimmer. dort hält sich die weiße rauchmelderwarze an der decke über ● zurück, obwohl es noch kalt aus dem aschenbecher dampft. am anderen ende des zimmers möchte das türstockkorsett zur küche gerne einstürzen, bleibt dann aber doch standhaft. ● geht darauf zu und hindurch.

in der küche bauschen sich zwei vorhänge leichtfüßig zu den seiten des gekippten fensters, sie blähen sich auf wie junge lungenflügel. ● verlässt die küche und geht in einen anderen raum.

neben dem kleiderschrank des schlafzimmers stochern die wechselstrompupillen der steckdose mit stricknadelkonzentration in das saftige futter des bettzeugs gegenüber, das seine stirnseite runzelt, während ● daran vorbeihinkt.

auf einmal scharren schneeflocken an den lamellenvergitterten scheiben des schlafzimmers und kratzen dahinter am glas, sie haben blaue frostbeulen und wollen eingelassen werden, um finster zerlaufen zu können auf der fensterbank. ● geht zurück ins wohnzimmer.

ein „escape plan in case of fire" hängt, als gesetz gerahmt, an der wand. gerahmt ist auch eine fotografie, sie steht dort auf dem tisch. ungerührte lamas unter einer fernen trauerweide. und als das körperrelikt den skelettierten arm ausstreckt und nach den fotolamas greifen will, rollt ●, der konzentrierte massepunkt, nach ewiger zeit wieder ein wenig zur seite – und plötzlich denke ich den diffusen gedanken, dass ich dem hier und dem dort doch noch irgendetwas abgewinnen kann. nach einer weile in diesen belebter werdenden zimmern hat es den anschein, als bilde sich schorf am unteren rücken im ehemaligen trapezmuskelareal und als bilde sich darunter zartes, neues fleisch und haut. *Vielleicht passiert jetzt eine Umschichtung. Im Kieferbereich kribbelt es, ein ausgedehntes Kribbeln in den Knochensplittern, in den Muskelresten. Calziumzufuhr? Übertragung? Woher? Aus der abgestandenen, staubigen Luft? Aus den schaumweißen Wänden? Sind sie mit ... womit sind sie angereichert? Oder ... kommt es doch von der noch schlaftrunkenen, aber bereits bestäubten Bilderblume? Von den Lamas? Oder ... vom Kugelschreiber, der leuchtend blau auf dem Papier dort liegt, auf dem Tisch, altmodisch, wartend ...? Kann sein, dass dieser Anblick reicht, um mir Fleisch wachsen zu lassen, neues Fleisch. Kann sein, dass ich das spüre. Vielleicht ... oder es ist nur ein kurzer vitaler Schub, ein Luftholen ... Kann man Dinge, Pflanzen, Tiere, Menschen und Bilder von Dingen und Pflanzen und Tieren*

und Menschen auch zu Tode beseelen oder zu Tode beleben und
zu Tode wiedererwecken oder zu Tode vermenschlichen wollen?
Ja. Oder ...? I●h weiß es nicht ...

Vom Krankenhaus fuhr der Sohn direkt zur Wohnung. Immer wieder tastete er seinen Hinterkopf ab. Die Straßenbahn war plangemäß gekommen. Er verlor keine Zeit mehr. Zu Hause angekommen versperrte er die Tür. Er zog sich Jacke und Schuhe beim Vorzimmerspiegel aus. Kate Moss rekelte ihren lasziven Schlafzimmerblick entlang seines Oberkörpers, ihre Lippen halb geöffnet. Verrucht. Er zog sich die Socken von den Füßen und legte sich auf den weichen Wanst des roten Sofas. Er hätte sich gewünscht, dass Johanna neben ihm lag. Er hätte sich gewünscht, dass sie neben ihm lag und er sie anfasste, dass er sie an sich drückte, sie zu sich zog, fest, *meine Hände, meine langen Finger um deinen langen Hals, drücken, zuschnüren, abdichten.* Sie mussten mittlerweile begonnen haben im Atelier. Es kreischte in beiden Gehörgängen. Zwei Sägeblätter kreisten und schnitten und schlitzten sie ihm wie Bremsschläuche der Länge nach auf, sodass sie auseinander lappten. *Du wirst heute auch wieder kreischen und springen und toben und dir die Kleider vom Leib reißen, aus dem du dich dann auch noch herauswüten wirst, und alles vor Christian und Julia. Mach. Mach ruhig. Ich nicht. Mich ... ihr zwingt mich nicht zum Vergessen. Niemand zwingt mich dazu. Niemand. Ich lasse mich nicht mehr unter Druck setzen. Ich ... Ich bestimme selbst ...* Im Stiegenhaus war jemand und telefonierte. Er konnte die Stimme nicht einordnen. Die Wasserrohre husteten hinter den Wänden. Sein Mund war ein junger Moloch, voll mit dem Geschmack rostigen Bleis.

Er ging ins Bad und putzte sich die Zähne. Im weißen Zahnpastaschaum zweigten dünne Blutäste auf und zierten sich rund und ungesund und seidig zum Abfluss. Er spülte den Mund gründlich aus. Das trockene Gefühl in der Kehle blieb. Er räusperte sich, und als wäre dieses Räuspern einem merkwürdigen Weckruf gleichgekommen, meldete sich das großgeschriebene Wort mit A zurück: In demonstrationsschildhohen Buchstaben blendete es in ihm auf, supernovahell. Er schloss die Augen. Dann erhob er sich. Ging herum. Setzte sich. Erhob sich. Ging in die Küche. Kam wieder zurück. Setzte sich an den Wohnzimmertisch. Das Weiß der Tischdecke war fleckig. An einem Fleck saugte eine Stubenfliege. Dieselbe? Er winkte ihr zu und sagte „Cheeeese". Für die Kamera. Für das Objektiv. Er wollte sie aber nicht verscheuchen. Neben der Fliege stand ein azurblau getöntes Glas. Es war bis obenhin voll mit Mineralwasser. Die Fliege krabbelte hinter das Gefäß, sodass sich ihre Flügel und ihr metallisch-blaugrün glänzender Körper darin elastisch bogen und fischäugig vergrößert und verzerrt wurden. Er sah ihr nach, als sie zum Fenster flog und dort immer wieder gegen die Scheibe wie ein Polizist in einer Stummfilm-Slapstick-Komödie, der sich unzählige Male gegen die Tür eines Verdächtigen wirft und jedes Mal wie ein Strandball von einer Betonmauer zurückprallt und sich im Zurückprallen mehrmals überschlägt.

So. Jetzt.

Er ging ins Badezimmer, nahm die Packung mit der Untergangssonne aus dem Medikamentenschrank, ging zurück und setzte er sich wieder an den Tisch. Er setzte sich so hin wie zuvor, er positionierte sich in der gleichen Haltung, so identisch wie möglich mit der Position von vorher, als müsste er darauf achten, die Form, aus der er durch sein Aufstehen und Weggehen kurz herausgetreten war und die nur eine Art schemenhaften Abdruck, einen aufgefirnten, unkonturierten Schatten im Raum hinterlassen hatte, nun wieder ganz zu besetzen und auszufüllen. Die Fliege war nicht mehr zu sehen. Er saß dort und drehte die Packung hin und her, er drehte sie so lange, bis sie wie von selbst laichte und eine Handvoll schwachroter Granatapfelkerne in das Glas mit dem Mineralwasser streute, wo sie sich spru delnd auflösten. Und dann nahm er einen großen Schluck ●

(Das war seine letzte Erinnerung. Was der Sohn nicht ahnte, war, dass etwas in ihm es nicht dabei bewenden lassen wollte: Es machte sich auf, um alles noch einmal durchzukauen